忞颜　李守科　周扬颜────编著

Ancient trees
of chinese yellowhorn

古樹

中国文冠果

中国林业出版社

·北京·

图书在版编目（CIP）数据

中国文冠果古树 / 乌志颜, 李守科, 周扬颜编著.
-- 北京：中国林业出版社, 2022.10
ISBN 978-7-5219-1735-2

Ⅰ.①中… Ⅱ.①乌… ②李… ③周… Ⅲ.①文冠果一
介绍－中国 Ⅳ.①S565.9

中国版本图书馆CIP数据核字(2022)第110963号

责任编辑：何 蕊 杨 洋

出　　版：中国林业出版社（100009 北京市西城区德内大街刘海胡同7号）
网　　址：http://www.forestry.gov.cn/lycb.html
电　　话：010-83143580
印　　刷：河北华商印刷有限公司
版　　次：2022年10月第1版
印　　次：2022年10月第1次
开　　本：787mm×1092mm 1/16
印　　张：10.5
字　　数：198千字
定　　价：120.00元

乌志颜

男，蒙古族，内蒙古自治区赤峰市喀喇沁旗人，1962年3月出生，内蒙古林学院沙漠治理系毕业。现任赤峰市林业科学研究所副所长，二级研究员，兼任国家林业草原文冠果工程技术研究中心主任、中国林业产业联合会木本油料分会副理事长、国家林业和草原局果松产业创新联盟副理事长。

参加工作30多年来，主要从事林木育种、森林经营和文冠果为主的木本油料产业研究，先后主持和参加各类科研项目40多项，完成科研成果20多项，有16项成果获奖励，其中自治区科技进步奖一等奖1项、二等奖2项、三等奖2项赤峰市科技进步奖一等奖2项。荣获自治区"草原英才"称号。参与主编了《文冠果生物学》著作1部，参与编写出版学术著作3部。共发表学术论文20多篇。

李守科

男，汉族，山东安丘人，1985年5月出生，山东农业大学林学系，工程师、建造师、碳排放高级管理师。国家林业草原文冠果工程技术研究中心技术委员会委员，文冠果产业国家创新联盟副理事长、副秘书长，山东经济林协会文冠果分会会长。创业以来，坚持"一棵树、一群人、一生情、一件事"的宗旨，深耕文冠果事业，收集和保存文冠果种质资源400余份，建成全国最大最全的文冠果种质资源库，突破了制约文冠果育种有效资源匮乏的瓶颈，核心种质的筛选及高世代育种群体的构建，为我国文冠果高效育种奠定了基础，有效地保护和利用了中国特有植物的种质资源。长期进行文冠果选优工作，审定国家级新品种5个、省级良种2个，发表文冠果相关文章10余篇，通过专利18个，起草《文冠果油》标准。先后被评为潍坊市"最美林业带头人""全国木本油料一线工匠人才""全国林草乡土专家""潍坊乡村之星"、国家林业和草原局"扎根基层工作、献身林草事业"林草学科优秀毕业生、"山东省乡村好青年""齐鲁乡村之星"。

周扬颜

男，汉族，山东五莲人，1987年6月出生，博士，讲师；现任山东农业大学硕士生导师，山东省林果种质资源创新与精准育繁重点实验室执行主任，山东现代农业产业技术体系综合试验站站长；2020年7月毕业于北京林业大学植物学专业获理学博士学位，师从尹伟伦院士。现在北京大学从事博士后研究工作，任丰沃集团高等植物研究院院长。主要研究领域是在林果培育和生物学学科交叉领域，开展中国林果生产力提升和生态效益发挥的抗逆林果良种选育研究；揭示林木、果树等抗逆的生理分子机制研究；利用基因编辑手段对林果抗旱、耐盐等关键基因进行编辑和修饰，培育抗旱、耐盐的优良林果品种。在 *New Phytologist*，*Journal of Experimental Botany*，*Tree physiology* 等 SCI 发表论文10余篇，获国家发明专利3项。主持山东省重点研发计划（农业良种工程）子课题1项，主持日照市重点研发计划1项。

文冠果（学名：*Xanthoceras sorbifolium* Bunge），无患子科、文冠果属。中国是文冠果的原产地。文冠果广泛分布在中国的西北、东北，华北、华中，乃至于华东地区均有分布。在垂直方向上，文冠果分布于海拔52～2260m，甚至更高的区域。由于广布于不同地理生态环境，造就了多种生存适应性的文冠果资源，即多种不同的地理种源，构成了文冠果的生物多样性，将他们收集利用起来就为文冠果的多方向育种、培育创新优良品种提供了宝贵的丰富基因资源。

同时，由于文冠果对不同的生态气候带具有广泛的适生性，因此，我国各地都有大面积的人工林，也形成了很长的人工栽培历史，丰富了我国的森林文化，成为我国各地林业生态建设和经济林产业的重要乡土树种资源。

天然的文冠果大多野生于丘陵山坡等处，表现出耐干旱、耐贫瘠、抗风沙的特性，在石质山地、黄土丘陵、石灰性冲积土壤、固定或半固定的沙区均能生长，他们具有抗逆性强的优良性状，成为我国各地防风固沙、小流域治理和荒漠化治理等生态建设的重要先锋树种。

文冠果果实丰硕，种子含油率高，是中国特有的食用油料资源，还是高级药、食兼用树种，更是天然保健品和美容用品。油分中不饱和脂肪酸含量高，堪称不饱和油之王，属极品食用油，成为我国具有重要价值和开发潜力的木本油料经济林树种。

文冠果树姿秀丽，花序大，花朵稠密，花期长，也是公园、庭园、绿地孤植或群植的景观观赏树种，且具有药用、工业利用等多种开发应用价值，可谓是具有广阔产业开发价值的多种功能和效益兼顾的林业资源。在国家林业局2006～2015年的能源林建设规划当中文冠果成为三北地区的首选树种。

一般年龄的文冠果皆具有上述的优良品质和宝贵利用价值，更何况广布不同地理类型中的文冠果古树，它们历经数百年、上千年的自然风雨变幻的洗礼，在优胜劣汰的自然选择中生存下来，至今生长旺盛，花果累累，它们积淀形成了多种文冠果各自更加鲜明独特的生物学特性以及各自对当地生态环境极其稳定的不同适应性，是大自然的自然力对文冠果种内生物多样性的培育，更是大自然为我们选育了文冠果多样性的宝贵遗传资源，其资源弥足珍贵。因此，开展文冠果的古树资源调查、地理演化溯源、历史文化发掘、系统科学研究及有效保护利用，是一个极具挑战性的课题，具有重要的战略意义和宣教价值。

《中国文冠果古树》是对广布全国各地不同生态气候区的数百年生长的文冠果古树资源的挖掘与汇集，这对于今天我们的文冠果生物学研究、良种选育、经济林产业的开发，加工产品的创新研发等，皆具有重要价值。同时，也诠释了文冠果这一古老树种的文化价值、科研价值和战略价值，对于保护和科学利用文冠果古树资源、发展文冠果新兴产业意义重大。

《中国文冠果古树》的编写人员可谓辛苦，从浩繁的古籍文献查阅大量资料，初步理清了文冠果的地理演化和历史进程；同时翻山越水，不辞辛苦，力求把每一棵古树都呈现在人们面前，把每一棵古树的特殊价值都挖掘出来。我们对于他们的学术奉献精神、吃苦耐劳的勤奋精神、刻苦钻研的探索精神，由衷地敬佩！

希望这部书籍的付梓，使广大读者能从中受益，唤醒沉睡在中华大地上的优势战略资源，对科研工作者能有所启发，为我国这一特有的木本粮油树种的科学研究、产业发展和产品创新贡献力量。

中国工程院院士

2022年2月22日

古树是大自然中的璀璨明珠，见证着历史的变迁和人类社会的进程，也是人与自然和谐相处的象征。

文冠果是中华原种木本油料树种，起源于侏罗纪到白垩纪时期，有"东方神树""北方菩提""北方油茶"等美誉。我们祖先利用文冠果的历史已有1200多年，据对全国18个省（区、市）重点调查发现，现存文冠果古树超过400株，甘肃省白银市靖远县有树龄超过300年的文冠果古树，晋北地区的"文冠果王"，树龄1000年以上。陕西省合阳县金峪镇有树龄1700年的文冠果古树，至今仍然开花结实。

文冠果是我国众多古树中最耀眼的明珠之一，既独特又宝贵，它是优良生态修复树种，耐旱、耐寒、耐瘠薄，自然或引种分布于全国25个省（区、市）。它是美丽的景观树种，花色绚丽，花期长。它是优质木本油料树种，种仁含油率及油中不饱和脂肪酸含量都很高，其中尤为珍贵的是含有较高的神经酸。它是生物化学成分十分丰富的树种，其果壳、种仁、果柄、茎、花、叶及根等部位共鉴定出421种化合物，在医药、食品、化工、农业领域具有广泛应用价值。它是保健医用价值金贵的树种，油中所含的神经酸，是细胞膜的组成成分，是修复神经纤维、促进神经细胞再生的双效物质，果壳中提取的三萜类皂苷是治疗阿尔兹海默症的医用原料，在大健康产业中极具开发利用潜力。总之，它将多种效益、多种功能集于一身，全身是宝。

我于2020年下半年至2021年上半年，组织中国老科协林业分会、中国野生植物保护协会对我国文冠果产业发展状况进行了专题调查研究。先后赴6个省（区、市）、8市5县，实地调研了中科院两个研究所、中国林业科学研究院、5所大学、7个文冠果企业、3个国有林场、1个文冠果工程技术研究中心，先后召开13个座谈会，共同分析文冠果发展状况及面临的突出问题，形成了《我国文冠果产业发展状况调查研究报告》，深感文冠果极其宝贵，极具发展潜力。同时也深感保护的迫切性，面对我国特有的这一宝贵树种，急需采取有力措施，切实把文冠果珍稀种质资源和现存古树资源保护好。

《中国文冠果古树》来之不易，编写人员从浩繁的古籍文献中查阅资料，初步理清了文冠果树种的地理演化和历史文化；调查人员翻山越岭对文冠果古树进行考察，现场定位、拍摄、测量、走访、建档，初步掌握了文冠果古树翔实的第一手资料，建立了一个文冠果的古树宝库。

《中国文冠果古树》包括文冠果特性与宝贵价值、文冠果树种自然和历史演化、文冠果文化典籍、文冠果古树资源与分布、文冠果古树集萃、文冠果古树保护策略与利用研究六章。比较系统地诠释了文冠果这一古老树种的文化价值、科研价值及综合开发利用价值。这本书的出版，一定会为文冠果的保护、利用和发展提供很有意义的科学研究和历史文化支撑。期望文冠果在实施绿色中国、健康中国和"碳中和"战略中，发挥它独特而重要的作用。

杨健平

中国老科学技术工作者协会副会长、林业分会会长

前言

习近平总书记在十九大报告中指出，实现中华民族伟大复兴是近代以来中华民族最伟大的梦想。古树承载着中华民族深厚的历史文化，被称为"树梢上的文明"，是有生命的绿色文化遗产，饱经历史沧桑，传承着中华民族悠久的文明。古树享有"绿色活宝石""绿色文物"的美誉，是地球母亲留给我们的宝贵遗产，具有重要的科学研究、文化传承和经济社会价值。

文冠果是中国特有的树种，起源于侏罗纪到白垩纪晚期，有着6500万年的历史，有"东方神树""北方菩提""树上的油库"等美誉。它寿命极长，对环境要求低；它不仅是生态建设和城乡绿化的先锋树种，还是重要的木本油料树种，可谓生态、经济、社会三效兼顾。文冠果综合价值极高，花色秀丽清奇，被视为园林中的奇葩，作为民族医药历史悠久，作为食用油味道甘美、营养丰富，其可赏、可药、可食，与人民生活和健康息息相关。这是一种扎根贫瘠土地、却有着巨大贡献的神奇树种。

早在唐朝，我们祖先就对文冠果进行了命名，历朝历代都有文人墨客留下了有关文冠果的故事，文冠果也有了"状元树"的美誉，在北京的故宫、天坛、国子监、圆明园等皇家建筑都有高大挺拔的文冠果，在内蒙古很多寺庙都能见到文冠果古树的身影，这些古树承载着美好的故事，也深深扎根在人们的心里，古树与人和谐共存已有近2000年的历史。

从2017年开始，由赤峰市林业科学研究院支持，国家林业草原文冠果工程技术研究中心具体负责，组织中国林科院、山东沃奇农业开发有限公司等十几个省（区、市）的近百名同志，历时五年多的时间，翻山越水，对西藏、青海、甘肃、宁夏、陕西、山西、内蒙古、北京、河北、辽宁、河南、山东等十几个省（区、市）文冠果古树资源进行了定位、拍摄、测量、寻访和编辑等繁重的调查整理工作，取得了大量第一手资料，基本摸清了全国重点省（区、市）文冠果古树资源情况，挖掘整理出了文冠果历史文化典籍。此次调研的目的是为全国文冠果古树的科学研究、保护管理、宣传教育和科学普及提供可靠资料，宣传文冠果重要而独特的综合价值，丰富全国生态文化建设成果展示内容，为提升全社会和广大群众对文冠果历史文化及其宝贵价值的认知度提供重要参考，进而推动文冠果产业健康快速发展。

《中国文冠果古树》就是在上述工作基础上编纂而成的，本书从文冠果的特性与宝贵价值、文冠果树种的自然和历史演化、文冠果文化典籍、文冠果古树资源与分布、文冠果古树集萃、文冠果古树保护对策与利用研究六个方面详细介绍了全国文冠果古树的总体状况和历史文化发展脉络。采用大量的现地图片和调查数据，图文并茂地介绍了重点地区文冠果古树的生存现状和保护情况；通过搜集挖掘各地文冠果古树的历史文化资料，整理了文冠果古树的历史背景、人文轶事和文化典籍，对全面了解和掌握我国文冠果古树资源、开展古树科学研究以及制定古树保护管理措施都具有重要的学术价值和参考价值。

本书的编写得到了北京林业大学教授、中国工程院院士尹伟伦，中国老科学技术工作者协会副会长、林业分会会长杨继平，国家林业和草原局荒漠化防治司司长孙国吉，内蒙古自治区林业和草原局及赤峰市林业和草原局有关领导的关心和支持，尤其是尹伟伦院士和杨继平会长十分关注文冠果及其产业发展，多次对本书的编写进行指导并亲自撰写序言。此外，本书的编写还得到了全国文冠果古树分布的主要省（区、市）科研、生产及企业同仁的通力协作，他们为本书提供了大量数据和图片，在此一并表示衷心的感谢！

由于调查范围难以覆盖所有分布区，一些地区的文冠果古树可能被遗漏。同时，部分文冠果古树调查数据还不齐全，有待以后各位文冠果同仁进一步完善。加之编者业务水平和工作能力所限，此书的编写仍有许多疏漏、错误与不足，敬请广大读者批评指正。

编著者

2022.3

古樹

中国 文冠果

文冠果的特性与宝贵价值

第一节　文冠果特性

文冠果，又名文官果、文冠花、文官花、崖木瓜、长寿果、文登阁、森登、僧灯毛道，一般为落叶乔木或灌木，树高可达10m，胸径达170cm，是我国特有木本油料植物，有"北方油茶"之称。它是绿化荒山荒滩荒漠、保持水土、又具有独特景观的优良树种，是集生态、经济、社会效益和食用、药用功能于一身并能生产高端健康产品的长寿树种，极具潜力和发展空间。

一、适生区域范围广

文冠果为强阳性、垂直肉质深根系树种，耐旱、耐寒、耐盐碱、耐贫瘠；抗虫性好；

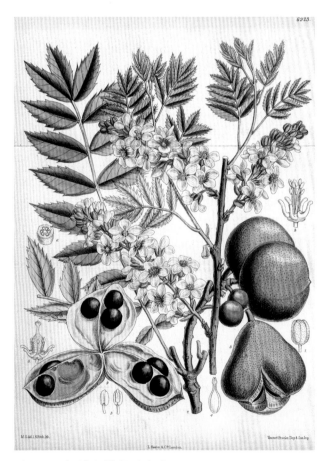

图1-1　《柯蒂斯植物学杂志》（The Botanical Magazine）

表1-1　文冠果种群的地理分布

省（区、市）	县（市）	分布区海拔（m）
内蒙古	翁牛特旗、阿鲁科尔沁旗、鄂尔多斯、赤峰、扎兰屯市	1200～1600
陕西	清涧、延安、延长、延川、安塞、甘泉、富县、长武、旬邑、麟游	800～1500
山西	大宁、永和、蒲县、吉县、乡宁、临汾、运城、忻州	800～1800
河南	陕县、灵宝、卢氏、嵩县	≥1000
山东	青岛、济宁、淄博、莱芜	≤700
安徽	合肥、亳县、萧县	100～500
河北	唐山、涿鹿、怀来、蔚县、三河、临漳、大名、沙河、曲阳、阳原、怀安、万全、盐山、东光、张家口	≤1400
北京	海淀	200～500
辽宁	建平、朝阳	100～700
甘肃	正宁、华池、宁县、陇山、合水、定西、平凉	1000～1800
宁夏	盐池	1600
新疆	喀什、和田	900～1500
青海	循化	650～2100
西藏	察隅	2300

不耐积水；风沙地、黄土沟壑区等土层较厚地区非常适宜生长，是良好的防护林树种。广布于北纬28°34′～47°20′、东经73°20′～120°25′之间的广大地区。分布在北京、天津、河北、内蒙古、辽宁、吉林、黑龙江、山西、陕西、山东、河南、安徽、甘肃、宁夏、青海、新疆、西藏17个省（区、市），引种于江苏、四川、江西、重庆、广西、云南、湖北、贵州8个省，共分布于25个省（区、市）。其中内蒙古、河北、河南、山西、陕西、甘肃6个省（区）资源量最多。尚未详细进行全国天然林、人工林

图1-2　西藏自治区分布的文冠果

图1-3 甘肃省沙漠戈壁分布的文冠果林

文冠果资源调查，据有关统计资料，全国文冠果资源面积为390万亩，其中天然次生林为130万亩[①]，人工林为260万亩。

文冠果根系庞大，侧根发达，分布深广，皮层肥厚，从而保证了所需水分和养分充分吸收、大量贮存和及时供应。耐寒，可在−42℃环境中生长。耐旱，对干旱、贫瘠有较强适应能力。在pH值7.5～9.5的微碱性土壤生长良好。不耐涝。抗病虫害能力较强。

二、寿命长

重点调查了14个省（区、市）221株文冠果古树：胸径为0.3～1.7m，树高3～10m，树冠3～300m²。甘肃镇原县曙光乡有600年古树，高9.5m；甘肃白银市靖

图1-4 陕西省合阳县文冠果古树

---

① 注：1亩≈0.067公顷。

远县有700年古树；山西清徐县徐沟镇宁家营村有500年古树，胸径1.5m，高8m；山西代县地区发现"文冠果王"，高12m，树龄1000年以上；陕西合阳县有三人合抱文冠果大树，树龄1700年，仍能开花结实。

三、景观独特

文冠果春季开花时，满树皆是；有单瓣花，有重瓣花；为渐变花色，有白色花、红色花、黄色花、紫色花等；花色瑰丽，堪比樱花；花期长，一朵花可开放3天，一个花序的花可开6天以上，一株树开花持续12～15天，一片林子花期20～30天，就是一片美丽的花海。

图1-5　观赏文冠果品种（李守科 摄）　　图1-6　文冠果花

四、收获期短、采摘简便、易储存

文冠果从开花到采摘仅仅需要3个月时间，能够节约大量的管理成本；果实大，一般果长6cm左右，直径5.5cm左右，最大果长达14cm，直径达8cm，易采摘。成熟期从南往北从7月初到8月中旬，农闲时采果，采收成本低。便于实行机械化采收。

文冠果采后可以自然风干、

图1-7　成熟的文冠果

晾干，然后包装存放在通风避光处保存，不需要低温冷库和恒温库，正常可以储存2～3年，节省大量的仓储成本。

五、经济效益好

文冠果结实早，一般栽培条件下，3～4年生幼树开花结果，5～8年进入盛果期。例如，甘肃白银市景泰县5年以上树龄文冠果，在自然条件下（降水量200mm）每亩年产籽60kg，单价30元，种植户每亩每年售籽收入1800元，每亩年产茶用鲜叶25kg，单价20元，每亩每年售叶收入500元，合计2300元。以后每年产量以6%递增。中国林业科学研究院林业研究所选育的国审良种'中石4号'、'中石9号'，在辽宁、内蒙古、陕西等多地推广，4年生树每亩年产籽50kg以上，5年生以上每亩年产籽100kg以上，10年生以上每亩年产籽150kg以上，仅每亩年产籽收入可达4500元以上。籽产油按4∶1计算，可产油37.5kg。油价在400～1600元/kg，如按平均800元/kg计算，则仅油一项每亩每年收益可达3万元。大连民族大学阮成江团队，研究出文冠果丰产调控技术，经示范园试验，技术实施3～4年后，每亩年产籽达100kg，实施6年后，可每亩年产籽200kg以上。

图1-8　进入盛果期的文冠果

第二节　文冠果宝贵的食用健康价值

一、健康木本食用油

文冠果籽含油率31%～35%，种仁含油率55%～72%；油中不饱和脂肪酸高达94.4%；蛋白质含量达26%～29.69%；维生素E含量达72～79.2mg/100g，人体必需的17种氨基酸占种仁的17.36%，占蛋白质含量的62%。特别是含有特殊脂肪酸——神经酸，含量为2.7%～4.4%。

图1-9　文冠果油商品

文冠果油不仅品质优良，更是国家粮食和物资储备局推荐的健康木本食用油。

二、功能饮品

文冠果叶可做成绿茶、红茶、黑茶（茯茶）、发酵功能饮料。叶中蛋白质含量为19.18%～23%，含有16种人体必需的氨基酸。含有丰富的三萜类、黄酮类化合物，可缓解腰腿疼。皂苷含量达到5.53%，且含有杨梅苷、槲皮素等物质，含

图1-10　文冠果嫩芽代用茶

量为4.06%，具有显著杀菌、稳定毛细管、止血、降胆固醇作用。中国科学院沈阳应用生态研究所王力华团队研究发现，经发酵的文冠果叶黑茶对治疗糖尿病有效。文冠果花（花蕾）做成茶，对前列腺疾病有疗效。

三、深加工综合利用效益大

文冠果全身是宝，仅举几例予以说明。除前述售籽及售食用油外，还有多种深加工利用方式。其一，油中所含神经酸医学用途独特，价格昂贵，纯度高的神经酸

每千克售价18万美元。其二,种仁油非皂化部分所含三萜类,还是液晶材料之一。其三,工业上所需油脂作为原料或辅料,如增塑剂、肥皂、发蜡等均可。其四,可开发有利于心脑血管疾病保健的"亚油酸丸",可制成"华佗治伤膏",疗效显著。种仁制成的治疗小儿遗尿症的良药,经100例初期临床结果证明,有效率达93%,已开发成国家一类新药——文冠果子仁霜为主要成分的遗尿停胶囊。其五,蛋白质营养丰富。中国医学科学院卫生研究所将文冠果种仁的氨基酸组成及含量,与南瓜子蛋白、卵白朊、麻仁球朊、胰岛素进行比较,文冠果蛋白营养最丰富。

第三节　文冠果宝贵的医用保健价值

沈阳药科大学、中国科学院植物研究所共同对文冠果进行了主要化学成分及功效分析,建立了文冠果药效物质数据信息化平台,对文冠果果壳、果柄、叶、花、茎枝、种皮、种仁、根等各部位的化学成分及药用功效进行鉴定。药效物质实体库共包括分离鉴定的421种化学成分及583篇英文文献。药效物质实体库研究人员正在

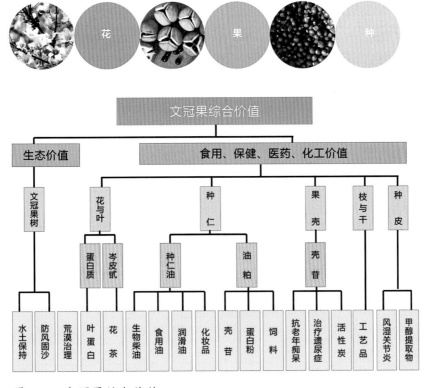

图1-11　文冠果综合价值

进行借助实验动物模型和高灵敏度、高选择性的分析测试技术，研究文冠果不同药用部位吸收入血的化学成分，探寻文冠果保健和治疗作用的核心物质基础。

一、果壳与果柄

果壳共鉴定出104种化合物，其中三萜类49种。果柄共鉴定出40种化合物，其中三萜类19种。果壳乙醇提取物、壳苷及柄苷可显著改善学习记忆障碍。沈阳药科大学将壳苷与另外4种缓解认知障碍、预防记忆缺失的药物进行了药效对比，文冠果壳苷所需剂量明显要少。壳苷能明显抑制肿瘤细胞生长，并可抑制小胶质细胞中炎性因子释放，还具有清除羟基、超氧阴离子自由基的能力。

10年生文冠果树在集约经营前提下，每亩年产果壳干品保守估计为200kg，提取壳苷率按0.35%计算，可从果壳中提取壳苷0.7kg。沈阳药科大学、中国科学院沈阳应用生态研究所研究发现，文冠果壳苷是治疗老年痴呆症的原料药，不仅能显著改善动物模型的记忆获得、巩固、再现和空间分辨等障碍，并能有效提高大脑改善缺血缺氧的能力。其还具有多靶点特征，对多种肿瘤细胞有高抑制活性作用。这一研究成果意义重大，是治疗阿尔兹海默症的希望所在。

二、种仁

种仁中共鉴定出41种化合物，提取物制成"遗尿停胶囊"，可降低膀胱充盈压，减少排尿次数，增强括约肌的肌肉力量，使尿液存储在膀胱中，提取的文冠果皂苷，具有改善脑功能，提高学习记忆力的能力。种仁蛋白质营养价值高，可以加工成蛋白粉、多肽、水解氨基酸功能饮料、酱油、人造肉等健康食品，还可制成皮肤保养产品。

图1-12　耐低温的文冠果油

三、种仁油

种仁油中共鉴定出34种化合物。文冠果油对自由基有强清除作用，具有很强的抗氧化活性，具有清除人体内血液脂质物，软化血管、清除血栓质的功能，能阻断皮下脂肪形成。文冠果油所含神经酸是修复神经纤维和促进神经细胞再生的双效物质，是细胞膜和脑白质的组成部分，可以穿过皮肤角质层和通透血脑屏障。

四、种皮

种皮中共鉴定出14种化合物。种皮所含黑色素类成分，具有显著清除DPPH自由基的作用，抗氧化活性好。香豆素类成分中臭矢菜素B有较强的抗免疫缺陷性疾病（HIV-1）作用；秦皮素与秦皮苷具有抗菌、消炎、抗凝血、抗肿瘤、防紫外线、促尿酸排泄及较强的神经保护作用，可用于食品加工的天然染料，可作为贴身衣物的纯天然染色剂，还可以提取木糖，加工后的废渣可制备活性炭原料和生物吸附剂。

五、木枝

文冠果木枝，是藏、蒙药原料药，蒙古语名字为"西拉·森登"，能祛风湿、消肿止痛、敛干黄水，临床用于治疗风湿性关节炎、风湿内热、皮肤风湿等病症，是以文冠木为主料制成的。文冠果被列入《中华人民共和国药典》（1977年版）。木枝中共鉴定出143种化合物，其中三萜类65种，黄酮类24种。实验证明文冠木超微粉可显著抑制大鼠关节炎，其乙醇提取物表现出显著抗炎活性。内蒙古文冠庄园与内蒙古医科大学合作研制了专治各类疼痛的"森登筋骨保健贴"。

图1-13　中药文冠木

图1-14　文冠果木制品

木枝中还含有儿茶素、杨梅素，可清除DPPH自由基，表现出显著抗氧化活性。三萜类成分具有促进神经突触生长活性。其甲醇提取物具有中等抑制免疫缺陷性疾病（HIV）蛋白酶活性。国家食药局批准文冠木、文冠木粉、文冠木提取物作为化妆品的原料，具有美白淡斑的良好效果。

图1-15 文冠果花、文冠果成熟叶和文冠果嫩茎叶制作的饮品

六、叶

文冠果叶中共鉴定出35种化合物。中国科学院植物研究所检测结果表明，杨梅苷、芦丁、槲皮苷三种黄酮含量之和在文冠果叶茶中含量占比为2.11%～2.98%，总皂苷含量为1.98%～2.48%，总多酚含量为2.96%～3%。其中三萜类化合物对癌细胞生长具有抑制作用；酚酸类成分（黄酮类）能显著抑制小胶质细胞过度活化，具有抗神经炎症作用；文冠果叶酚酸类成分还能缓解乙醇中毒，具有解酒护肝的特殊功效；秦皮素有抑制绿脓杆菌、大肠杆菌、枯草芽孢杆菌增殖活性；乙醇提取物对DPPH自由基清除作用强。

七、花

花中共鉴定出64种化合物。文冠花含有丰富的黄酮类化合物和香豆素类药用成分，具有显著的抗氧化活性，可显著降低老

图1-16 文冠花

年性前列腺增生发生率。其花青素含量高，是开发抗衰老化妆品原料。白桦脂醇具有抗炎、抗病毒作用，山奈酚具有止咳平喘、抗癫痫、解痉挛作用，柚皮素在临床上用于治疗细菌感染。

第二章

文冠果树种的自然和历史演化

文冠果为中国特有，为亚乔木，是无患子科文冠果属单型种，无患子科的最北分布树种。目前文冠果天然次生林主要分布于青藏高原与黄土高原、黄土高原与蒙古高原、蒙古高原与华北平原的结合部，均为生态系统脆弱区或生态退化区。其中，在陕北、晋西北的黄土高原中相对集中分布于丘陵沟壑、高原沟壑、土石低山等地区。在人为的栽培下，文冠果已经辐射25个省（市、区），四川、江苏、湖北、上海、云南等地的植物园等也可见到其身影。福建、江西、贵州、台湾等省寺庙也有零星的引种栽培。

第一节　文冠果自然地理演化
和人为传播

文冠果是被子植物繁茂时期的第三纪（约6500万年前）遗留下来的我国北方特有的古老物种。文冠果的蒙古语名字为僧灯（森登）毛道，藏名为赞丹、旃檀，佛门弟子尊称为菩提或阿修罗菩提。文冠果是一种古老的多年生木本植物，在白垩纪晚期与无患子科的其他物种一同进化而来。文冠果的初始分布区在热带地区，与无患子科龙眼属的荔枝、龙眼一样。

文冠果的演化第一个主要途径是文冠果随着地质变迁，沿着青藏高原隆起带与横断山沉降带的间隙，向北迁徙到暖温带的黄土高原地区，成为文冠果主要的分布区域。

中科院植物研究所的相关研究成果显示，气候的时空变化对物种的分布格局有着直接而深刻的影响，其中对植物的生长发育、地理分布以及种群数量大小等影响极大。影响文冠果分布的主要环境因子分别为最干燥季度的平均温度（−10℃～1℃）、最湿润月份的降水量（60～150mm）和最干燥月份的降水量（1～9mm）。文冠果在当前气候中的潜在生境主要分布在我国31°N～45°N、101°E～124°E，总面积146.15×10⁴km²。其中高、中、低适宜生境面积分别为37.23×10⁴km²、24.29×10⁴km²和35.47×10⁴km²。文冠果覆盖了内蒙古高原和黄土高原（内蒙古南部、青海、甘肃、宁夏、陕西、山西、河北、山东、北京、天津和辽宁）。有关资料显示，目前全国尚存的130万亩文冠果天然次生林

图2-1　黄土高原的文冠果

主要分布在我国黄土高原地区的山西省和陕西省交界的吕梁山区。

第二个重要途径是人为传播。辽宋时期，契丹民族所建的大辽国与中原的宋朝相互争战中，文冠果作为战利品和吉祥树从燕云地区（现在的河北北部、山西北部和陕西东部）被引种到内蒙古赤峰北部的巴林草原地区。

图2-2　内蒙古巴林右旗大板镇辽代墓地文冠果古树群

宋朝留下的文冠果诗词最多，连辛弃疾都留有文冠果的词作。作为当时的流行之花，外族入侵势必会将其引种到自己的势力范围，辽国打败北宋占领黄土高原上的幽云十六州郡，从当地带回文冠果种苗进行种植、观赏。虽经1000多年的战火毁坏和自然环境的演化，目前在赤峰市巴林左旗石房子镇、巴林右旗大板镇和阿鲁科尔沁旗罕苏木等辽代的皇陵或墓地，还保存有成片的文冠果天然次生林，并正常繁衍，显现了强大的生命力和对环境演化的极强适应力。

蒙元时期，蒙古人改萨满教为喇嘛教。1240年，元太宗窝阔台的皇子阔端派兵进入吐蕃（西藏），看到喇嘛教萨迦派在政治和思想方面的重要影响。为了利用喇嘛教统治吐蕃，阔端派大臣邀请该派宗师萨班赴凉州会面。1247年，萨班携侄子八思巴到达凉州，受到阔端的隆重接待，萨班在蒙古贵族中进行传教活动。这是一次具有深远历史意义的会晤，不但使西藏地方正式归入中国版图，而且拉开了藏传佛教传入蒙古地区的序幕。从此，蒙古人与藏族人以政教关系为纽带结下了不解之缘。喇嘛教传播经典文献《大藏经》，内容"五明"中就有"养生明"，文冠果作为"养生明"中常用的君药，借此开启了传播之路。

寺庙作为僧人生活的场所，常常选择栽植这种既有药用价值、又能点佛灯不熏佛像的树种，而且还可以食用、制药。随着藏传佛教向内地的传播，信奉佛教的蒙古族僧人把文冠果种子带到新建的寺庙种植并逐渐扩展开来。藏、蒙佛教界把文冠果视为神树，把文冠果油视为神油，只有活佛和高级僧侣、喇嘛才有机会和资格食用。庙宇里还会用文冠果油点长明灯，灯光明亮，不冒黑烟。因此，每建一处新的庙宇，僧人都要将文冠果种子

图2-3　北京八大处保存的文冠果古树

带去，种植于庙宇前后，几年后小树结籽，即可供庙内食用。在内蒙古、辽宁、河北、山西等地的一些旧喇嘛庙内，至今仍有许多树龄较大的老文冠果树。

元代以库伦为其宗教活动中心的藏传佛教活动，大力弘扬格鲁派，从而使藏传佛教在蒙古地区得到广泛传播和发展。文冠果伴随着藏传佛教的传播，被广泛栽植于寺庙作为吉祥树种。后来，藏传佛教逐渐东传，僧人就把文冠果带到了各地，这就是我们目前可见的很多寺庙都有文冠果古树以及留下很多文冠果文化传说的缘故。

第二节　文冠果人工栽培历史

一、早期人工栽培试验

文冠果的栽培利用始于20世纪50年代末，内蒙古赤峰市鸭鸡山机械化林场五分地分场栽植文冠果约200亩，这是已知最早的文冠果成片人工林。

1961年1月，刘少奇同志在木本粮食座谈会上指出："解决我国粮食问题的办法，应当在不能耕种粮食的荒山上发展木本粮食"，"在山上发展木本粮食生产要当成一个方向和方针性的问题提出来"，"今后更要重视的是过去没有被人注意而又很有发展前途的一些木本粮食"。1961年，中央部署了要重视木本粮油生产，内蒙古自治区林业厅组成专家组到赤峰开展木本粮油资源考察，认为文冠果是新木本油源，自治区林业厅决定在

图2-4　内蒙古翁牛特旗经济林场20世纪60年代文冠果林

赤峰市翁牛特旗建立以文冠果为主的乌丹经济林场，并于1963年开始组织实施，至20世纪80年代初，该林场文冠果林面积发展到5.8万亩，成为全国第一个作为木本油料发展的文冠果林场。

此后，内蒙古自治区提出"向荒山、沟谷、沙地要油"以解决食用油问题的战略，相继在昭乌达盟（今赤峰市）、哲里木盟（今通辽市）、乌兰察布盟（今乌兰察布市）建立多个文冠果林场。1963年2月全国农业科学技术会议和1964年9月中共中央华北局召开的林业工作会议上，都确定文冠果为今后华北地区大力发展的

图2-5　内蒙古翁牛特旗经济林场20世纪70年代营造的文冠果林

木本油料树种，纳入林业发展规划，并列入国家重点研究项目。1963年8月，内蒙古林学院在昭乌达盟翁牛特旗主持召开全国第一次文冠果科研协作会议。1965年11月，内蒙古林业厅、科技厅、林学院共同在呼和浩特市召开文冠果全国第二届科研协作会议。70年代后，由中国林科院组织召开多次全国文冠果科研协作会议。1973年，内蒙古农牧学院林学系教授徐东翔执笔出版《文冠果》专著。

周恩来总理得知内蒙古在发展文冠果时很关切地对乌兰夫同志说，"听说你们在发展一种叫文冠的油料树，能不能拿点样品来看看？"内蒙古林学院根据自治区政府指示，准备了文冠果油、果实和种子及枝叶花标本转呈总理。因此人们说，文冠果的发展从一开始就得到了中央领导的关注。周总理的关怀大大激发了文冠果研究工作和生产发展的积极性。

图2-6　内蒙古阿鲁科尔沁旗20世纪70年代营造的文冠果林

二、全国性人工引种栽培

1975年，科教宣传片《文冠果》在全国播放，一时间文冠果发展风起云涌，我国许多地区都进行了引种栽培试验。在甘肃的兰州市和河西地区、青海温水流域、

图2-7　新疆南疆麦盖提县栽种　图2-8　河南省三门峡市20世纪80年代栽种的文冠果
　　　　的文冠果人工林　　　　　　　　人工林

陕西蒲城洛川、新疆石河子、江苏灌南、河南富县、山东济宁市和莱芜以及黑龙江
等地都已引种成功，均能正常开花结果。1982年秋，在昭乌达盟召开全国文冠果科
研协作会议期间，正值中共中央原总书记胡耀邦同志视察昭乌达盟，在昭乌达宾馆
专门接见了全体与会人员，并发表一个多小时的重要讲话，对文冠果木本油料产业
的发展提出了具体的要求，鼓励大力发展文冠果木本油料。党的总书记对一个树种

图2-9　宁夏同心县20世纪80年代栽植文冠果

的发展如此关心和支持，这是史无前例的。

经过多年的人工引种，文冠果在我国北起黑龙江，南到河南省，东起山东半岛，西到新疆、西藏地区，在北京、天津、内蒙古、山西、陕西、河北、河南、山东、安徽、辽宁、黑龙江、吉林、宁夏、甘肃、新疆、青海、西藏、四川、江苏等20多个省（区、市）都有分布。1975年，朝鲜干旱地区绿化和经济林开发考察团先后到原辽宁省的朝阳地区和昭乌达盟地区考察文冠果栽培情况。20世纪70年代末，全国文冠果人工林面积已达70余万亩。此外，截至1987年，在朝鲜的两江道、平安南道、黄海北道、慈江道、江原道等地引种成功，栽培面积7000多亩。

1982年11月，中国林学会在重庆市召开木本油料学术讨论会。林业部经济林司司长李聚桢在会议开幕式的主旨报告中说，全国木本油料林面积9000余万亩，油茶林5500万亩，核桃500万亩，文冠果72万亩，油桐等工业用木本油料共3000万亩，油橄榄100万亩。李司长在报告中特别强调，经济林必须走集约化经营道路。文冠果是这次会议研讨的重要树种之一，会议制定了文冠果的发展规划和优树标准，部署了选优、繁优工作。

1986年，据不完全统计，全国有20个省（区、市）的80多个单位从事文冠果研究。到了90年代，文冠果方面的研究相对较少。由于多方面因素的影响，20世纪

图2-10　内蒙古西部腾格里沙漠70年代栽种的文冠果林

90年代以后，全国文冠果树受到严重破坏，保存面积急剧减小，文冠果栽培陷入停滞，逐渐淡出人们的视野，被历史遗忘在角落里，只有内蒙古赤峰市翁牛特旗经济林场和阿鲁科尔沁旗坤都林场等国营林场的文冠果林几经风雨，风采依旧，蔚为壮观。

三、21世纪以来的大规模人工造林

进入21世纪以来，国家先后启动实施了退耕还林工程、生物质能源林示范基地和木本油料林基地建设工程，文冠果作为北方重要的生态经济树种在工程和基地建设中开始大规模应用，累计造林面积超过500万亩，保存面积260多万亩。

2000年，国家启动实施退耕还林工程，新疆、甘肃等省（区）把文冠果作为主要树种进行人工造林，先后造林近百万亩，保存面积超过50万亩，目前已进入盛果期。文冠果林既发挥了良好的生态效益，也产生了较好的经济效益，成为当地农牧民重要的收入来源。

图2-11　赤峰市阿鲁科尔沁旗浅山丘陵区万亩文冠果人工林

2007～2008年，各国经济持续、快速发展，能源紧缺日益加剧，石化能源不仅面临枯竭，且对环境污染与对生态破坏所造成的恶果已日益显露。因此，发展清洁能源和包括生物质能源在内的可再生能源受到广泛重视。在这一大背景下，国家林业局和中国石油天然气股份有限公司

图2-12　甘肃省靖远县万亩文冠果人工林

图2-13 甘肃省靖远县黄土丘陵上的文冠果人工林

联合实施了"林油一体化"生物柴油原料林基地建设项目。该项目在全国选择了黄连木、小桐子、文冠果等四个树种进行大面积造林,规划"十一五"期间全国造林600万亩,其中文冠果是被选中的北方地区唯一树种,并在内蒙古、陕西、辽宁等省(区)重点实施。因此,文冠果出现了一籽难求的局面,沉寂多年的文冠果再次复苏。该项目两年共完成文冠果造林近百万亩、保存面积约60万亩,其中内蒙古自治区赤峰市保存面积超过30万亩,均已进入盛果期,产生了良好的生态、经济和社会效益。但该项目受多种因素影响,只实施了两年就停止了。

图2-14 甘肃省景泰县2010年营造的文冠果人工林

2013年以后,文冠果的发展由政府主导转向企业发展为主,各地企业与科研院校合作进行了文冠果品种选育和产品初加工,全国的文冠果技术交流频繁。2014年,国务院办公

图2-15 山西省运城市文冠果人工林

厅发布《关于加快木本油料产业发展的意见》（国办发〔2014〕68号），文冠果作为北方重要的木本油料树种得到各级政府、有关部门和一些民营企业的重视，文冠果的发展驶入快车道。新疆、内蒙古、甘肃、宁夏、山东、河北、陕西、山西等省（区、市），开始大规模营造文冠果木本油料林。

2016年7月，国家林业局文冠果工程技术研究中心落户内蒙古赤峰市。2019年12月，潍坊市文冠果产业研究院成立，这是首个地方政府成立的具有事业编制的文冠果产业研究机构。2019年6月，国家粮食和物资储备局行业标准《文冠果油》。2020年12月，中国林业产业联合会标准委正式颁布《文

图2-16　宁夏吴忠市文冠果人工林

冠果油》团体标准。2020年1月，国家林业和草原局文冠果产业国家创新联盟在辽宁大连成立。2020年底，国家发改委、国家林草局等十部委联合制定下发了《关于科学利用林地资源促进木本粮油和林下经济高质量发展的意见》（发改农经〔2020〕1753号），对文冠果产业发展提供了有力的政策支持。2022年1月18日，国家林草局印发《全国沙产业发展指南》，明确指出推进文冠果、苦豆子、葡萄、枸杞、黑枸杞等沙生植物资源产业化开发；提出合理利用现有油料植物资源，增强油料植物

图2-17　宁夏同心县文冠果人工林

图2-18 北京市大东流苗圃2010年营造的文冠果
人工林

图2-19 山东东营市盐碱
地文冠果人工林

产品竞争力，油料植物重点培育品种包括：文冠果、胡麻、元宝枫、油用牡丹、红松、榛子等。

当前，文冠果作为我国三北地区首选的生态绿化树种、重要的木本油料树种、历史文化厚重的吉祥树种、极具观赏性的珍稀树种、潜力巨大的生物产业树种，其地位与作用逐步得到社会各界的认可，其所特有的改善生态、美化环境、营养保健、医疗康养、消除污染、新型建材和有机饲料等综合价值正在逐步得以挖掘，正在引起各级政府和各有关部门高度重视，文冠果产业作为三北地区助力乡村振兴的新兴产业正在兴起，一批有影响力的文冠果企业已逐渐形成，并将成为引领该产业发展的重点龙头企业，相信在国家、地方政府和各部门的大力支持下，不久的将来文冠果产业必将有一个飞跃发展。

图2-20 内蒙古鄂托克旗沙地文冠果人工林

图2-21 河北省邯郸市平原区文冠果人工林

图2-22 内蒙古鄂托克旗沙地文冠果人工林

图2-23 山东省安丘市平原区文冠果人工林

第三章

文冠果文化典籍

文冠果作为我国北方特有的木本植物，有着悠久的历史，远在公元8世纪的藏文书籍《月王药珍》中就有详细记载，唐代予以命名并加以开发利用。我们的祖先在生产实践中对文冠果的形态分布、习性、栽培技术、生产应用等方面进行了详细的调查研究，积累了丰富的生产经验，至今对我国的文冠果栽培技术仍有借鉴和指导意义。同时在滚滚的历史长河中，文冠果丰富的文化和寓意也得到广泛的发扬和传承，无数文人墨客留下了脍炙人口的佳作名篇。

第一节　古代时期文化典籍

一、春秋·《诗经》之木瓜溯源

《诗经》成书于西周至春秋期间（公元前11世纪至公元前6世纪），作为中国情歌的开端，《诗经》内容丰富，源远流长。其中咏叹男女互赠信物用以定情的代表作——《木瓜》："投我以木瓜，报之以琼琚！匪报也，永以为好也！"《诗经》里面记载的木瓜，陕西人称为崖木瓜（见后面《救荒本草》），只有这松鼠可搬来搬去的崖木瓜，才是可以投掷的信物，而崖木瓜就是现代的文冠果。

《诗经》反映的是西周初至西周晚期约五百年间的社会面貌，主要讲述了西安以北、黄河两岸的风土人情、动植物等，可以作为信物的木瓜，就是常见于黄河两岸黄土高原沟壑边的崖木瓜。现代科研证实当初的镐京和洛邑都是文冠果的原产地。文冠果乳熟期既可以投来投去，游戏结束，地下一摔，种仁味道鲜美。要是完全成熟了的文冠果，扔到火里烧一烧，种仁香脆可食。现在已经无从考证远在《诗经》的时代，普遍使用青铜器的中国人是否已经认识到文冠果的药用价值，但从它色彩青翠、小巧玲珑，尤其清雅逸丽、味道甘美等煽情元素来看，文冠果作为当年爱情的信物，实属黠慧之举。

二、唐朝·文冠果命名与冠冕制度

明万历京官蒋一葵《长安客话》记载："文官果肉旋如螺，实初成甘香，久则微亏。昔唐德宗幸奉天，民献是果，遂官其人，故名。"从该书的记载，我们知道文冠果是唐德宗李适命名的。李适（公元779—805年在位）是唐朝第九位皇帝，建中四年，"泾原兵变"叛军攻占长安，李适出逃奉天（今陕西乾县），叛军围城。这个时候，人困马乏，物质匮乏，民众把山野奇果崖木瓜（文冠果）贡献出来，皇帝剥仁取食，味甚清美。这也是皇帝出逃路上的丰盛的一餐，于是立即给予官职，封为文官。这个御封果子从此有了响当当的大名——文官果。

另据《唐会要》卷三十一记载："贞观四年八月十四日，诏曰：冠冕制度，以备令文。寻常服饰，未为差等。于是三品已上服紫，四品五品已上服绯，六品七品以绿。"一般文冠果花开的颜色依次为绿、绯、紫，代表着官职也越来越高，开花颜色变化跟当时的冠冕制度服饰的颜色相融合，并沿袭到宋朝。

三、宋朝·文人士大夫歌咏的吉祥花

1. 慕容彦逢（1067—1117）

宋朝诗文家，官至刑部尚书，曾有记载作过贡院文官花的诗。

《贡院即事》是宋朝贡院考试的纪实，文官花作为吉祥花、状元花，寓意中举，广泛栽植于贡院门前，深受文人学子的喜爱。

胡仔撰写的《笤溪渔隐丛》后集（公元1127年宋高宗年间）卷第三十五记载："上痒录云，贡士举院，其地栖广勇故营也，有文冠花一株，花初开白，次绿次绯次紫，故名文冠花。花枯经年，及更为举院，花再生。今栏槛当庭，尤为茂盛。"

> **贡院即事**
>
> 自崇宁癸未叨备从班，距今十有四年间。五知贡举，文官花在试厅前。
>
> 文官花畔揖群英，
> 紫案香焚晓雾横。
> 十四年间五知举，
> 粉牌时拂旧题名。

2. 辛弃疾（1140—1207）

南宋豪放派词人、著名将领，有"词中之龙"之称，写过记载文官花的词——《水龙吟》。

《水龙吟》是一首咏物词，是咏其岳父范邦彦家文官花的。词的上片主要写文官花的颜色多变及其原因，词的下片写对文官花的告诫和对范南伯的同情。全词词语极婉而情极痛，感人之至。

王溥编撰的《唐会要》记载："唐代文官花唯学士院有之。邢台范氏文官花，粉碧绯紫见于一日之间，变态尤异于腰金紫。辛稼轩尝为赋《水龙吟》。领学士，主文盟，文官之应不虚矣。人皆曰：花，范氏瑞也。夫以雷卿之贤，两家百年忠义之脉、文物之传，在其一身，宜造物以功名事业付之。花本出唐翰苑中，雷卿既为翰林主人，花亦荣耀。吾方贺兹花之遭。然则花瑞范氏乎？范氏瑞花乎？"

元张伯淳《养蒙集》卷五《题范雷卿二卷》也对辛弃疾的词作了解释："范氏故园有花一本，先白，次绿，而绯，而紫，以文官花得名。稼轩辛公为赋长短句。殆与麻姑坛所记红莲变白变碧者同一奇也。鲁公之记，稼轩之词，皆非食烟火人语。范令尹于稼轩翁为外孙，能追记于真迹散落之后。噫，故家文献，日就凋零，流芳余美，畅茂敷腴，豹变当从今始。"这些文章的叙述与辛弃疾的词，可以清晰地了解到在宋朝文冠果就风靡天下了。

水龙吟·寄题
京口范南伯家文官花

花先白次绿、次绯、次紫、唐会要载学士院有之。

倚栏看碧成朱，等闲褪了香袍粉。上林高选，匆匆又换，紫云衣润。几许春风，朝薰暮染，为花忙损。笑旧家桃李，东涂西抹，有多少、凄凉恨。

拟倩流莺说与，记容华、易消难整。人间得意，千红百紫，转头春尽。白发怜君，儒冠曾误，平生官冷。算风流未减，年年醉里，把花枝问。

3. 洪适（kuò）（1117—1184）

自号盘州老人，官至右丞相，与欧阳修、赵明诚并称为宋朝金石三大家。他写有四首文官花的诗，足以证明洪适对于文冠果的喜爱。

朱叔召遗文官花二绝句（其一）

幻出荷衣点雪衣，
更将龟紫换牙绯。
人中巧宦谁知此，
好向天街插翅飞。

盘洲杂韵上·文官花

破白便怀青，
纤朱旋著紫。
鼎鼎一春忙，
浮荣均梦蚁。

朱叔召遗文官花二绝句（其二）

绿心变却初时白，
紫色由来昨夜朱。
学得文官何足道，
但堪花径骇僮奴。

再赋

不用风人怨绿衣，
身兼魏紫与潜绯。
司花直为文官地，
可忍春残一片飞。

4. 许及之（？—1209）

字深甫，温州永嘉（今浙江温州）人。孝宋隆兴元年进士。知枢密院兼参政。《宋史》卷三九四有传。

文冠花

厌绿不厌红，
夺朱非恶紫。
了知色即空，
色空奚慕蚁。

四、明朝·文冠果记载颇丰的朝代

1. 陶安（1315—1368）

元末明初文人，对明朝建国之初的典章制度建设有重要贡献。其著有文官花诗两首，也是关于辛弃疾岳父范邦彦家的文官花。

2. 朱橚（sù）（1361—1425）

安徽凤阳人，明太祖朱元璋第五子，明成祖朱棣的胞弟。洪武十一年（1378年）改封为周王。朱橚好学，能词赋，编著有《救荒本草》《保生余录》《袖珍方》《普济方》等作品，对我国植物学和医药事业的发展作出了巨大的贡献。

其著《救荒本草》中记载："文冠花，生郑州南荒野间，陕西人呼为崖木瓜树，高丈许，叶似榆树叶而狭小，又似山茱萸叶亦细短，开花仿佛似藤花而色白，穗长四五寸，结实状似枳壳而三瓣，中有子二十余颗，如肥皂角子，中瓤如栗子，味微淡又似米面，味甘可食，其花味甜，其叶味苦⋯⋯"该书附图甚逼真，原植物叶、果与现今极相似。

题范氏文官花二首（其一）

卉木无情似有情，
九天雨露赐恩荣。
何缘颜色频更换，
别有春工染得成。

题范氏文官花二首（其二）

荔枝绿后绯还紫，
金带围腰事亦常。
天遣名花作奇谶，
一门数世盛文章。

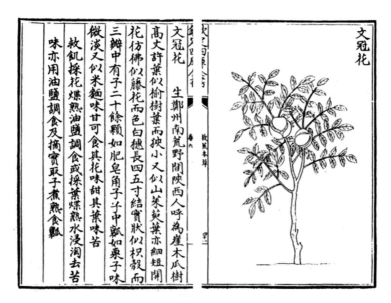

图3-1　《救荒本草》中对文冠果的记载

3. 王世懋 （1536—1588）

文学家，嘉靖年间进士，官至太常少卿。王世懋是明朝史学家著述颇丰的人物，其著作《学圃杂疏》有文冠果的记载："山东有文官果，花亦可观，形味稍似马金囊。礼部精膳司亦有一株，不知可移植吾地否？若无花果，不独京师，即吾地种辄生，但恶不足为园林重耳。"

4. 蒋一葵 （1573—1620）

万历京官，撰有《长安客话》。其中记载："文官果肉旋如螺，实初成甘香，久则微苦。昔唐德宗幸奉天，民献是果，遂官其人，故名。"这本著作是"文官果"之名源自唐代的证明。

5. 张岱 （1597—1679）

号陶庵，又名陶庵居士，是晚明文学家、史学家，也是成就最高的明朝文学家之一，其最擅散文。其著作《陶庵梦忆》中有记载文冠果为山东方物（特产）以及供奉神灵的供品的文章。卷四·方物记载"越中清馋，无过余者，喜唉方物。北京则苹婆果、黄鼠、马牙松；山东则羊肚菜、秋白梨、文官果、甜子……"

卷四·严助庙记载"陶堰司徒庙，汉会稽太守严助庙也。岁上元设供，任事者，聚族谋之终岁。凡山物粗粗（虎、豹、麋鹿、獾猪之类），海物噩噩（江豚、海马、鲟黄、鲨鱼之类），陆物痴痴（猪必三百斤，羊必二百斤，一日一换。鸡、鹅、凫、鸭之属，不极肥不上贡），水物哈哈（凡虾、鱼、蟹、蚌之类，无不鲜活），羽物毨毨（孔雀、白鹇、锦鸡、白鹦鹉之属，即生供之），毛物毳毳（白鹿、白兔、活貂鼠之属，亦生供之），洎非地（闽鲜荔枝、圆眼、北苹婆果、沙果、文官果之类）、非天（桃、梅、李、杏、杨梅、枇杷、樱桃之属，收藏如新撷）、非制（熊掌、猩唇、豹胎之属）、非性（酒醉、蜜饯之类）、非理（云南蜜鲫、峨眉雪蛆之类）、非想（天花龙蜒、雕镂瓜枣、捻塑米面之类）之物，无不集。庭实之盛，自帝王宗庙社稷坛壝所不能比隆者。十三日，以大船二十艘载盘轳，以童崽扮故事，无甚文理，以多为胜。城中及村落人，水逐陆奔，随路兜截，转折看之，谓之"看灯头"。五夜，夜在庙演剧，梨园必倩越中上三班，或雇自武林者，缠头日数万钱。"

根据张岱的记载，不难看出文冠果当时是出自山东的特产，颇受张岱先生的喜爱；当时文冠果已经南北流通，产自山东的文冠果运达余杭，绍兴陶堰镇的严助庙就有文冠果的陈列，也是敬仰先人的供品之一，可见当时文冠果作为特产地位颇高、也颇受重视。

6. 徐光启（1562—1633）

号玄扈，明朝著名科学家、政治家，官至崇祯朝礼部尚书兼文渊阁大学士、内阁次辅，著有《农政全书》。卷五十六·荒政记载徐光启品尝过文冠果，评论为"尝过。子本嘉果；花甚多，可食。"

7. 明·万历《即墨志》

记载："文冠果，外皮厚，色绿，剖之三瓣，瓣各有数子。榫者白，成者黑，去黑白皮见肉色绿，去心味清香，果中之雅品者，其心则苦也。"

8. 宋继澄（1594—1676）

万历文坛领袖，著有《文官果铭》曰："其外坚刚，其内卷曲，域分为三，每域三五，少白多黑，似甘而苦，读书成名，乌呼三复。所以讽世者尽矣，盖朋党之失亦寓焉，奈何其不知醒也。"

9. 陈吴子（明末清初，生卒年不详）

又名扶摇，另署西湖花隐翁，著有植物百科书《秘传花镜》。其中记载："文官果产于北地，树高丈余，皮粗多砢，木理甚细，叶似榆而尖长，周围锯齿纹深，春开小白花成穗，每瓣中微凹，有细红筋贯之，子大如指顶，去皮而食其仁甚清美。如每日常浇或雨水多，则实成者多，若遇旱年，则实秕，小而无成矣。"

《秘传花镜》（卷三）除了对文冠果有与上述相似的记载外，对果实形态及内部构造也作了详细的描述："蒂下有小青托，落花结实大者如拳，实中无隔，间以白膜，仁与马槟榔无二，裹以白软皮，大如指顶，去皮而食味甚清美。"

图3-2 《秘传花镜》中对文冠果的记载

第二节　清朝及近代时期文化典籍

一、清代·皇家、寺院、百姓都爱文冠花

1. 吴振棫（1790—1870）

著《养吉斋丛录》（卷二十六）中记载：

"文官果、花嫣红，实大二三寸许，剖之，中有子数枚，在剖之，有仁作旋螺形。味甘淡而有微香，此果亦入祭品也。"从上述摘录中可以了解到，清朝二三百年间，天下珍奇果物禽兽、海错河鲜，或御获、或捕牲兵获、或各地贡献，无所不有、无所不致也；天下珍奇美味，御膳房无不烹制。

2. 吴绮（1619—1694）

清代词人，官至湖州知府，著有《林蕙堂全集》，其卷十五载有《文官果》诗，作为御贡佳品的诗记。

3. 康熙皇帝赐诗——祥瑞之物

1713年，后海龙华寺一株文冠果长得特别好，果实两两相连。当时，康熙皇帝与揆叙[①]正在承德热河避暑山庄休闲避暑。龙华寺的和尚将文冠果送到热河，送给揆叙。大家看了后，都非常惊奇，认为这是祥瑞。

一个叫汤右曾的官员见此情状，写下一首七律诗《文光果》。康熙皇帝听说后，对揆叙说："汤右曾工于诗，有已刻板成书者，可令进呈我一阅。"揆叙回答："刻板之诗尚未得

> **文官果**
>
> 佳名因供御，此种自齐州。
> 脂绿蟠蜗尾，房清剖雁头。
> 脆分山栗早，嫩占楚莲秋。
> 草木诚何事，居然第一流。

> 西域滇黔有此种，
> 花从贝梵待春融。
> 龙章瑞应题真境，
> 载笔欣瞻近法宫。
> 内白皮青多果实，
> 丛香叶密待诗公。
> 冰盘光献枫宸所，
> 更喜连连时雨中。
>
> （康熙皇帝作的关于文冠果的诗）

[①] 揆叙：一般指纳兰叙（1674—1717），康熙重臣纳兰明珠次子。

见，汤昨日在臣寓所，有他所作的《文光果》七言律诗。"

康熙皇帝读了汤右曾所作《文光果》后，便和诗一首。

康熙帝在诗中描述了文冠果的产地和习性以及由吉祥物引发的心怀百姓的帝王情怀，期盼天下风调雨顺，百姓安宁。

康熙五十二年制作"御制文光果石刻碑"，该碑刻有幸被北京石刻艺术博物馆（五塔寺）收藏，作为见证文冠果辉煌的历史文物保存了下来，是我国特有木本油料文冠果的历史见证，也证明了文冠果历来备受皇家所喜爱。

二、民国·文人、科学家有记

1.《疏影·文官果树》（清末民国初·夏孙桐）

疏影·文官果树

含烟缀玉。傍梵天尺咫，分荫丛绿。瞥眼花时，垂实离离，衔泥过燕还啄。登盘风味知何似，且艳说、清华名目。想堕枝、响脆琴床，未减雨肥梅熟。台畔罗含旧句。蛎苔带露洗，重咏嘉木。何代移根，蘼卜香中，倘有鸂鶒栖宿。荣枯都付沧桑感，问掌故、宣南堪读。好倩他、贝叶余芬，画笔补参金粟。

2.《咏极乐寺文官花》溥心畬（yú）

溥心畬，（1896—1963）原名爱新觉罗·溥儒，初字仲衡，改字心畬，自号羲皇上人、西山逸士；北京人，满族，为清恭亲王奕訢之孙；笃嗜诗文、书画，皆有成就；画工山水、兼擅人物、花卉及书法，与张大千有"南张北溥"之誉。

3.《中国植物图鉴》贾祖璋、贾祖珊

贾祖璋、贾祖珊于1937年著《中国植物图鉴》，将文冠果归为救荒本草类，用现代语言和观念对文冠果进行了详细描述。

落叶灌木或乔木。山野自生，间有栽培。分布辽、冀、鲁、晋、陕等地。

咏极乐寺文官花

百尺排云雨，千山夕照开。
龙文近斗宿，黛色郁风雷。
不逐青牛去，曾随白马来。
所嗟梁木坏，敢望济时才。

叶互生、奇数羽状复叶，小叶狭长，有锯齿。四月开花，排列成总状花序，顶生花序上部的花能结实，下部的和侧生花序的花常不结实，萼片瓣各五片。果实七月间成熟。种子暗褐色。

花味香，种子的仁色白，质似米麦，均可供食用。本著述距今仅四十余年，是按形态、生态、应用等分别记述，更较科学。

第四章

文冠果古树资源与分布

第一节　文冠果古树资源

据调查统计，目前全国文冠果古树资源总数为397株，分布在14个省（区、市），其中3株以上的古树群有29处、主要分布在内蒙古自治区19处。文冠果古树数量超过10株的省（区、市）有内蒙古179株、山西省73株、山东省26株、甘肃省24株、辽宁省24株、北京市19株、河北省15株、河南省16株、陕西省14株。各省（区、市）文冠果古树资源分布情况详见表4-1。

表4-1　文冠果古树资源分布统计

省（区、市）	内蒙古	北京	河北	河南	西藏	新疆	山西	陕西	甘肃	辽宁	吉林	山东	天津	黑龙江	合计
株数	179	19	15	16	1	1	73	14	24	24	1	26	3	1	397
备注	3株以上古树群19处	3株以上古树群1处	3株以上古树群1处			3株以上古树群1处	3株以上古树群3处	3株以上古树群3处		3株以上古树群1处					3株以上古树群共29处

第二节　文冠果古树资源分布特点

一、文冠果古树分布方式多样

分布在佛家寺庙的文冠果古树以多株散生或小群丛生的方式存在，少量以单株存在。分布在辽代皇陵或墓地的文冠果古树以较大群丛生的或小群丛生的方式存在。分布在黄土丘陵地区的文冠果古树多以单株方式存在。

二、文冠果古树地域分布不平衡

调查结果表明，内蒙古文冠果古树资源数量最多，其次为山西和山东，再次为甘肃、辽宁、河北、河南和陕西，新疆、青海、西藏、吉林和黑龙江分布极少。

三、文冠果古树等级以三级为主

根据目前统计情况，现有文冠果古树树龄普遍较小，古树等级多为三级。其中，一级古树有43株、占比10.7%，二级古树63株、占比15.7%，三级古树296株，占比73.6%。

第三节　全国文冠果古树资源分布情况

一、西藏自治区

西藏自治区发现文冠果古树2株，分别在拉萨市罗布林卡（但目前古树已死亡，从树根处又萌发出新的幼株）、山南市。

二、新疆维吾尔自治区

根据文献记载，新疆和田县巴格其镇彭达克麻扎有一处文冠果古树群分布，树龄约450年；乌苏市红星农场有一株百年文冠果树。

图4-1　西藏山南市文冠果古树

三、青海省

青海省未发现树龄百年以上古树，目前只在青海省农林科学院内发现一株树龄近60年的文冠果孤树。

图4-2　青海省农林科学院文冠果树

四、甘肃省

甘肃省文冠果古树有分布，数量较多，目前全省有24株，分布在庆阳市6株、白银市靖远县6株、兰州市3株、平凉市4株、天水市3株、临夏回族自治州2株。

图4-3　甘肃省兰州市内文冠果古树

图4-4 甘肃省靖远县
文冠果古树

图4-5 甘肃省镇原县曙
光乡文冠果古树

五、陕西省

陕西省现有文冠果古树14株，分布在渭南市1株、咸阳市3株、榆林市10株。文冠果古树群3处。

图4-6　陕西省榆林市清涧县文冠果古树

图4-7　陕西省黄土高原上保存的文冠果古树

图4-8 陕西省咸阳
市永寿县观
音庙文冠果
古树

图4-9 陕西省淳化
县古贤乡下
场社文冠果
古树

六、宁夏回族自治区

宁夏目前未发现超过百年的文冠果古树，在同心县发现一株树龄在60年左右的文冠果树，树势很好。

图4-10　宁夏同心县的文冠果树

七、山西省

山西省是发现文冠果古树较多的地区，目前有古树73株，其中，大同市16株、朔州市5株、忻州市13株、太原市9株、晋中市7株、吕梁市5株、长治市3株、临汾市9株，运城市6株。文冠果古树群3处。

图4-11　山西省忻州市五台县圣柳寺的文冠果古树

图4-12　山西省繁峙县的文冠果古树

图4-13　山西省繁峙县砂河镇西沿口村文冠果古树

图4-14 山西省临猗县庙
上乡城西村的文
冠果古树

图4-15 山西省大同市土巷口村文冠果古树

图4-16　山西省临汾市蒲县城关镇桃湾村文 图4-17　山西省太原市迎泽桥东南侧珠
冠果古树　　　　　　　　　　　　　　　林园内文冠果古树

图4-18　山西省临猗县文冠果古树

八、内蒙古自治区

　　内蒙古自治区是发现文冠果古树最多的地区。目前有文冠果古树179株，其中赤峰市78株、鄂尔多斯市62株、通辽市23株、阿拉善盟6株、呼和浩特市2株、巴彦淖尔市1株、乌兰察布市1株、乌海市6株。文冠果古树群19处。

图4-19　内蒙古赤峰市喀喇沁旗乃林镇的文冠果古树

图4-20　内蒙古鄂尔多斯市文冠果古树

图4-21 内蒙古鄂尔多斯
市乌审旗保存的
文冠果古树

图4-22 内蒙古巴彦淖尔
乌拉特前旗乌拉
山文冠果古树

图4-23　内蒙古鄂尔多斯库布齐沙漠边缘的文冠果古树

图4-24　内蒙古赤峰市翁牛特旗梵宗寺的文冠果古树

图4-25　内蒙古赤峰市喀喇沁旗文冠果古树

图4-26　内蒙古鄂尔多斯市文冠果古树

图4-27 内蒙古乌海市文冠果古树

九、河北省

河北省现有文冠果古树15株，分布在张家口市7株、唐山市3株、邯郸市1株、承德市3株、石家庄市1株。文冠果古树群1处。

图4-28 河北省张家口地
区的文冠果古树

图4-29　河北省承德市避暑山庄文冠果古树群

十、北京市

北京市目前有文冠果古树19株，分布在海淀区10株、东城区4株，昌平区1株、房山区1株、门头沟区2株、密云区1株。文冠果古树群1处。

图4-30　北京市天坛公园文冠果古树

图4-31　北京市圆明园文冠果古树群

十一、天津市

天津市现有3株文冠果古树，分布在宁河区1株、蓟州区1株、武清区1株。

十二、辽宁省

辽宁省现有文冠果古树24株，分布在朝阳市17株，阜新市6株、鞍山市1株。

图4-32　辽宁省阜新市文冠果古树　　　　图4-33　辽宁省朝阳市北票文冠果古树

图4-34 辽宁省阜新市阜
蒙县文冠果古树

图4-35 辽宁省朝阳市
文冠果古树

图4-36　河南省灵宝市文冠果古树

十三、河南省

河南省发现16株文冠果古树，分布在三门峡市6株、洛阳市1株、平顶山市1株、商丘市3株、郑州市5株。

十四、山东省

山东省发现文冠果古树26株，分布在滨州市1株、德州市3株、济宁市3株、聊城市2株、临沂市1株、青岛市1株、泰安市1株、潍坊市7株、烟台市1株、枣庄市1株、淄博市4株、莱芜市1株。

十五、吉林省

吉林省发现文冠果古树1株，在白城市通榆县。

十六、黑龙江省

黑龙江省发现文冠果古树1株，在哈尔滨市南岗区。

图4-37　山东省潍坊市文冠果古树

第五章

文冠果古树集萃

第一节 西北地区

一、西藏拉萨市罗布林卡

文冠果在西藏又称为旃檀树，藏传佛教僧人称之为赞丹、菩提。《西宁府新志》记载："文冠果又称菩提树"。文冠果木是各种藏药的原料。藏文《旃檀树传记》记载："旃檀具有良药和珍宝之功效，益于众生，能使人迷途知返，不坠入恶趣（地狱等）的神力"。

举世闻名的罗布林卡，坐落在拉萨市的西面，海拔3658m，是西藏人造园林中规模最大、风景最佳、古迹最多的园林。园内除有西藏中部的一些乡土树种外，还引种了藏东南和西北部省份的一些树种，如乔松、高山松、云杉、沙枣等。其中有两株生长在格桑颇章院

图5-1 中科院植物所1975年在罗布林卡调查文冠果古树时保存的标本

内南墙边的文冠果古树，1975年中科院植物所专家调查时，一株古树树高10m、胸径25cm，另一株古树树高8m、胸径12cm。相传为八世达赖时期的1784年扩建罗布林卡时引种至此的。在这两株古树的周围有多株大树遮挡，影响了文冠果的生长发育。所以，虽历经200多年，却还是两株其貌不扬的"小老头树"。这两株古树是拉萨市乃至"一江两河"地区迄今发现树龄最大的两株文冠果，可惜的是，由于长期积水这两株古树已于2019年死亡，现从根际处已萌生出新枝。

在西藏的山南县也有文冠果的分布，近年来又做了许多引种工作，文冠果不仅能耐低温、高寒、强光照射，还能开花结果，表现良好。文冠果在宗教和园林配置中具有重要的影响力，也在藏传佛教东进的过程扮演了重要的角色。伴随着僧人的脚步，这一重要的佛教树种出现在了青、蒙、甘等地的寺庙中，至今受到人民的朝拜和保护。

图5-2　拉萨市罗布林卡文冠果古树根桩处新萌发的幼树

二、新疆和田地区和田县

在和田地区和田县巴格其镇彭达克麻扎有一处文冠果古树群分布，树龄约450年，面积约100m²，古树有30～50株，大的胸径超过20cm。和田年平均降水量是38.4mm，年均蒸发量大于2700mm，地下水位埋深为6～7m。据当地老人讲，大约在450年前，文冠果由一个商人从内地引进而来。1977年5月，乌苏县红星农场菜地也发现一株文冠果，树分蘖了3个主干，直径分别为，东边的13cm，西边的8.5cm，北边的10cm，冠幅4m，树高3.1m，据说在100多年前由一个蒙古族老乡引种来的。

图5-3　和田县巴格其镇彭达克麻扎文冠果古
　　　　树群

图5-4　甘肃省灵台县中台镇胡家店村沟谷文
　　　　冠果古树

三、青海省

青海省农林科学院院内的文冠果古树，树高5.4m、地径38cm、胸径35cm、冠幅7.2m×7.8m、树龄近60年。目前，这棵树处在学校南边的草坪里，开花季节花繁叶茂，非常漂亮，引来学生的观赏。

四、甘肃省

（一）平凉市灵台县

该古树生长于甘肃省平凉市灵台县中台镇胡家店村小南川流域沟谷坡地，上接被废弃的古代居民窑洞院落西侧坡地，坡地土质石灰岩地质，沙土。下临甘、陕两省分界沟谷，垂直落差34m。周围植被茂密，山清水秀，原生态空气清新、凉爽。

该古树树形高大，树高近7m，两个主干共根，极其粗壮，树皮开裂。有腐层积聚与已朽木质积淀，菌落斑驳寄生。一个主干直立生长，树冠面积3m^2，一个主杆平斜侧生，伸手可触。每个主干基部直径接近50cm，合根直径近1m，苍老劲挺，枝繁叶茂，有零星挂果。

依据该树种年生长积材量估算，其树龄约350年。县内少见，特别震撼，极其具有植物资源与文化利用价值。

图5-5 甘肃省灵台县中台镇胡家店村沟谷文冠果古树

（二）庆阳市镇原县曹路村

甘肃省庆阳市西南部的镇原县屯字镇曹路行政村颜家庄胡同山坡地上，生长了一棵文冠果古树，树龄600余年，树高9.5m，胸径220cm，冠幅30m²。该树主干粗壮挺直，树体上部生长较旺盛，开花结果正常，树体中下部分枝稀少，表皮呈疱状。远看行似"华表"，近看又似一柱镌有"百兽图"的自然浮雕，令人赞叹。

（三）灵台县新开乡疙瘩庙

在中唐名相，著名政治家、文学家牛僧孺的故乡灵台县新开乡，有一处多年来受群众尊崇而香火不断的寺庙，当地俗称"疙瘩庙"。久经沧桑流年，却保留了当年的风貌，依然殿宇巍巍，香火不断，吸引着四面八方的游客前来瞻仰。

寺庙院周树木葱茏，院内有文冠果树。地方传说"先有木瓜树，后有疙瘩庙"。

图5-6　甘肃省庆阳市镇原县曹路村文冠果古树

据旧志记载，该庙建于明朝嘉靖元年（1522年），则此树树龄应在500年以上，而今仍弓身昂首，枝柯奇曲多姿，挺立于西殿廊檐之下。此树经漫长岁月，犹无衰残现象。后人有诗赞曰"千年木瓜本为稀，弱灌成乔更堪奇"。该文冠果高约10m，地径110cm，胸径100cm。

图5-7　疙瘩庙内文冠果古树　　　　图5-8　木瓜记木牌

（四）白银市靖远县

在白银市靖远县东湾镇砂梁村乃家台子，生长着2株百年以上的文冠果古树，经鉴定大的一株有300年以上的树龄，被列为"国家二级保护古树"，地径达3.6m，树高6m，冠幅6m左右。因其历史悠久，若有灵性，故被当地人奉为神树，慕名而来的游客更是络绎不绝。相传雍正年间，有兵卒在此砍柴，误砍文冠果树，文冠果树晚上托梦于乃公说他肢体被伤，让用泥土敷上。次日乃公一看，被砍处果然像是鲜血滴淋，从此便被当地人奉为神树。20世纪90年代，该地树木遭遇天牛灾害，杨柳各树均受到不同程度伤害，唯独文冠果树免受其灾。

图5-9　甘肃省靖远县东湾镇乃家台子文冠果古树（上）、保护碑碑刻（下）

五、陕西省

（一）榆林市清涧县折家坪镇

在清涧县折家坪镇桃岭山村的山坡上，屹立着一棵千年文冠果古树。树高8m，地径436cm，胸围340cm，冠幅5m×4.5m，树皮开裂，根部有三分枝，上部互相环抱。树皮纹路螺旋状，营养少。此树被称为榆林第一大文冠果树，属于一级保护古树，2011年6月清涧县林业工作站挂古树名木保护牌，并设有铁艺栏杆保护。原有2株姊妹树，现保存有一株在小庙的院子里，保护完好。

这棵文冠果古树沧桑的枝干古朴苍劲，状若游龙。树皮斑驳，却好似迷彩花纹的图案，树的每条枝干都撑出一片茂盛的叶子，远看好似撑开的一把绿色的大伞。花开时节，半树绿叶半树花，成就了一道独特的风景线。这棵历经千年沧桑的文冠树，依然盛开在干涸的黄土大地上，独立黄土高坡的她，虽平凡但震撼，虽朴素却美丽。

图5-10　榆林市清涧县文冠果古树（上）、
　　　　保护牌碑刻（下）

（二）榆林市神木市西沟乡四卜村

暮春时节，行走在黄土高原的腹地神木市西沟四卜树村附近，你会远远就望见一株粗大的树木屹立于大地之上，枝丫自由伸展于天地间，在空旷、荒凉的原野上绽放满树繁花，常常惊为神树，也为之留连忘返，叹为超凡绝伦，这就是神木市之神木——文冠果。

这棵神奇的古树，有着2000多年的历史，古树树根交错盘绕，在树根露出地面的部分主干分两股向上并行生长并四散枝叶，被人们美誉为"夫妻树"。其树高

图5-11 神木市西沟乡四卜树村文冠果古树

12m以上，主干胸径超过120cm，树身要四五个人才能合抱，冠幅超过10m。

传说成吉思汗蒙古铁骑南下时，一位将领因为受伤，当地人采集这棵树的枝条给其熬药，成功给其疗伤，因此这棵树被当作神树对待，整个神木市也免遭战乱的破坏，可以说一棵树保护了一座城。查阅书籍知道文冠果有着奇特的医药价值，元代医书《四部医典》记载："森登，味微苦、甘，性凉，清热燥湿，祛瘀生新。治风湿内热，皮肤风湿、疥癣、瘰疬痈肿，瘀血紫斑、关节疼痛，布氏杆菌病等"。当初因为文冠果神奇的医药价值，一棵树、一座城就这么被完好地保护了下来。

这棵神奇的千年古树，扎根在神木这片广阔的土地上，见证着神木历史变迁，也守护着这里的人民，至今人们仍然会采集枝条熬水治疗伤痛，这棵文冠果古树就这么为世世代代人的健康服务着。

（三）榆林市靖边县

文冠果古树位于海则滩乡，树龄500余年，树高9m，地径350cm，胸径276cm，冠幅9.2m×11m，平均冠幅10.1m，树皮开裂，螺旋状，为当地一级保护古树，砖砌5.7m×5.7m、高1.10m的高台，有铁艺护栏进行保护。

图5-12 靖边县王甘沟文冠果古树（上）、保护牌（下）

图5-13　靖边县王甘沟文冠果古树

(四) 咸阳市淳化县

淳化县现存一株树龄500多年的文冠果古树，树高近11m，胸径超过60cm，冠幅近8m。

图5-14　咸阳市淳化县文冠果古树

（五）渭南市合阳县

武帝山下金峪乡河西坡村的文冠果古树，高20m、胸径430cm、胸径1.7m、冠幅6m、树龄1700余年。一根出地、五枝分离、老树虬枝、扭曲而上，此树被誉为陕西省十大古树之一。

据附近村民介绍，古树曾树冠壮大、枝繁叶茂，历经岁月沧桑，树皮脱落，叶稀枝干。又传古树非常灵异，年年开花，很少结果，如若结果，则预示着灾难来临。树下建一祖师庙，农历每月的初一、十五，本村及周边的村民群众，纷纷前来祭拜。2012年9月暴雨不断，古树不堪重负，靠崖部分轰然倒地，部分枝干枯死。

目前采取了挂牌、围护、修树盘、病虫害防治等保护措施，古树生长势衰弱，生长环境良好。

图5-15　陕西省合阳县文冠果古树（上左、下）、保护牌（上右）

第二节　华北地区

一、河南省

（一）三门峡市陕州区店子乡

三门峡市陕州区店子乡上宽坪村关帝庙院内，生长着一棵目前河南省内最大的文冠果古树，当地称其为"文冠果王"。目前该文冠果生长良好，树高9.5m，冠幅9m，胸径185cm，树龄140余年。据1988年出版的《河南古树志》记载，河南省共有文冠果古树5株，其中3株在三门峡市，最大的在陕县店子乡，目前该树枝繁叶茂，生长旺盛，树高、冠幅、胸径等指标与30多年前变化不大。

相传清朝乾隆时期，皇帝微服出巡时到了这里，深谙风水的乾隆帝担心这里会有帝王出现威胁自己的政权，于是下令地方官员在村中修建关帝庙以斩断龙脉，可龙脉断后村里的风水也就被破坏了，于是在建庙之时栽植文冠果镇邪驱妖，护佑村子平安。文冠果树栽下后没多久，与此树一山之隔的山下便出现了一口泉眼，这泉眼非常神奇，"当时村里的人生病了，只要到这口泉里取上一瓢水饮用，无论什么病都能立刻痊愈"。80余岁的村民朱拴照曾从爷爷那里听过这棵文冠果树背后的故事。他说，宽坪村地势低

图5-16　陕州区店子乡文冠果古树

洼，被附近的9个山头团团围住，村周边的9个山头犹如镶嵌在村周围的9颗明珠，古时一直被认为是"九龙戏珠"之地，必有龙脉从此产出。

各级政府和林业部门十分重视这棵文冠果古树的保护，不仅为古树挂上了树牌，专门做了不锈钢围栏对古树进行了围护，每年定期进行修树盘，结合实际开展病虫害防治。如今，这棵树俨然成了宽坪村的标志，十里八乡的人一提起宽坪村，就会想起这棵百年老树。有不少人来到村里一览文冠果树的风采，祈求平安幸福。岁月流逝，沧桑古树越发苍劲，静静地守望小村，和村民们同呼吸共命运。

（二）郑州市巩义村

郑州市巩义村郭镇北罗村小学内现存一株文冠果古树，树龄300多年，古树高7.5m，呈匍匐状，从1m左右处分出两个主干，一个主干沿水平方向伸展近5m，一个主干直立生长。古树地径60cm，冠幅南北4.0m、东西5.5m。

古树曾受到破坏，树弯斜60°，其侧枝均受到人为扭曲下垂。百年前这里是座孙氏祠堂，祠堂里边办学校。人们都叫不上此树名字，就将地名合叫"文堂果"，春天开花好看，结的果实像木瓜、桃，保留至今。

目前，这棵树处在学校前边，因垫地面抬高，将树填埋1.5m，树倾斜离地面很近，平时小孩子常上树攀爬，造成树身更歪斜。以前学校上课铁钟在此树悬挂着，也影响树木生长。细看下还有铁丝捆的痕迹。经测量，树身斜长7.5m，基部直径60cm，主干皮部生长发育还好，今年花开满树梢，引来不少游客前来观看，也将远处蜜蜂招来采花蜜。

图5-17　郑州市巩义村文冠果古树

据孙氏祠堂历史人文考证，此树是清朝康熙年间一位举人栽植的，树龄约300年。说起孙氏祠堂原有两座祠堂，孙家祖先也是明朝初年从山西洪洞大槐树移民过来的。孙家开始在村北盖一座简易祠堂，后来孙家兴旺出一举人，为庆祝又在南边盖一座比较好的新祠堂，就是现在这棵古树的地址。孙氏祠堂一直让村里用作办学校使用。孙家从洪洞迁居后，曾栽过许多槐树，古槐600岁左右，1960年前后被毁掉。现在剩下这棵文冠果古树，也是当年孙家举人从外地移苗栽植的。

（三）商丘市夏邑县

河南省夏邑县中峰乡小学现存一株树龄410年的文冠果古树，该古树主干盘曲斜上延伸，历经岁月的侵蚀，使得古树树皮基本脱落、瘦骨嶙峋、疤节突出、筋脉隆起。古树高于9m，胸径大于50cm，冠幅超过8m，保护良好。

图5-18　夏邑县中峰乡小学文冠果古树

二、山西省

（一）忻州市五台山圣佛寺

五台山圣佛寺始建于北魏太和年间的旺盛庄村（五台县高洪口乡王家村），寺内有一棵文冠果古树，经当地林业部门鉴定树龄达600年之久。树高10.5m，枝下高2.3m，胸径64cm。古树一级枝2个，二级枝4个，冠幅东西7.6m，南北10.9m。目前长势不衰。

2020年调查，该树树高11m，2.5m处分为双主干，北侧干粗110cm，树干下部正常，但上部无皮；南侧干粗156cm。南侧干在0.5m高度处再分为北、南两侧枝，北枝长势较细，但最高，东侧枝靠大雄宝殿，有部分分枝枯死，南枝条在7m处分为两个侧枝，也是靠东侧有部分枝条枯死，主干新萌有不少枝条，基部也有不少新萌枝条。2020年结果较多。

（二）太原市阳曲县

山西省太原市阳曲县石岭关中门北口西侧土台上，有罕见的高8m、地径1.4m的文冠果。它早在清代就有记载，在"民国"二十五年（1936年）被狂风所折，1937年日寇将树干砍了当柴烧，于次年春天根部发芽，始成今之大树，连年结果，为阳曲一奇。

图5-19 忻州市五台山
圣佛寺文冠果
古树

图5-20 山西省阳曲县
文冠果古树

（三）吕梁市岚县上天窊村

岚县古城乡上天窊村文冠果古树，树高10m，胸径60cm，枝下高3.8m，冠幅东西、南北均为11m。此处离县城7.5km，海拔1345m。据说此树是李丑丑（？—1942年，男，山西省宁武人，生前为战士，1942年11月在临县白文镇牺牲）的爷爷李子存栽的，距今150多年。由于树体高大，历史长久，群众将此处称为"木瓜树地"。树旁有条路，路旁是深沟，过往行人常驻足观赏，故此树在这一地区很有影响。

图5-21 岚县上天窊村文冠果古树

（四）临汾市大宁县盘龙山村

这株文冠果，生长在大宁县东南堡乡盘龙山村的山神庙前，树龄600余年，树高8.6m，枝下高5.5m，胸径273cm，冠幅东西6m，南北6.2m。枝干东边无皮，木质部已朽，有许多啄木鸟窝。干高1.5m处萌生一嫩枝，好像树干上又长出一株小树。这里海拔1435m，山高风大，树干弯曲，主枝梢折，侧枝干梢，生长不良。

（五）临汾市襄汾县柴王村

这株文冠果树在襄汾县景毛乡柴王村寺院内，因年长日久，寺院房屋早已倒塌，而文冠果树仍然挺立在寺院中。此树树高10.2m，干有棱状，地径63cm。树上分东西2

图5-22 大宁县盘龙山村文冠果古树

枝，东枝粗44cm，西枝粗33cm。树冠呈不规则形，东西6.1m，南北6.5m。主干和主枝南侧均无皮，木质部外露。在两个一级枝上，生长着22个小枝，略有枯梢。

图5-23　襄汾县柴王村文冠果古树

（六）朔州市朔城区小平易乡穆寨村

朔州市城区小平易乡穆寨村龙王庙前有一棵文冠果古树。树干裂成两瓣，地径0.85m。在主干0.8m处分生2枝，一枝向东倾斜，一枝向西倾斜，西边枝直径0.48m，枝下高2.95m，在这一枝上分3枝，除一枝损坏外，还有东西2枝。东枝上也分2枝，向东倾斜的一枝，直径0.37m，枝下高4.2m，在这枝上又分4枝。树倾斜45°，垂直高6.8m。树的冠幅东西11.5m，南北10.6m。树形美观，长势较旺。据传说已有500多年历史。

图5-24　朔城区穆寨村文冠果古树

（七）忻州市代县天轿坡

在代县胡峪乡天轿坡村农民贺贵全家的院内有一棵文冠果古树，据说有2000多年树龄。据村里老人讲，这里是先有庙（龙王庙），后有树，最后才有村，而且在1500多年前的北魏朝建村之时，这棵树已经非常粗大了。

2020年调查，该树基围588cm，胸围429cm，高11.3m，冠幅12m。有五大分枝，有一分枝已枯死，另外几枝生长旺盛，正常开花结果，满树花、满树果。树高 2m处分为双主干6侧枝，其中西北向侧枝在45cm处，南向侧枝在1.5m处被砍伐。树体冠层主要有双主干上主枝和侧枝，以及东南向侧枝上的枝条和树叶构成。主干自2m分枝处劈裂为两半，中央有可藏一成人的树洞。树洞裂隙西侧有一臭椿幼树长出。后贺家移居，老房子

图5-25　代县天轿坡文冠果古树

拆迁，古树由当地政府保护起来。由于树龄大、老百姓认为是神树，保一方平安，

图5-26　代县天轿坡文冠果古树

图5-27　定襄县文冠果古树

图5-28　繁峙县三圣寺文
冠果古树

经常有人来叩拜。也是晋北记载历史最长、最粗、最有价值的一棵古树。

（八）忻州市定襄县文冠果古树

该古树位于定襄县宏道镇北社西村，树高7m，胸围180cm，树龄200年。

（九）忻州市繁峙县

繁峙县国家级重点文物保护单位三圣寺，寺内有一棵枝繁叶茂的文冠果古树。这里的老人们都相信，大树树龄大后就会有仙气，福佑全村。

该古树树高17m，胸围330cm，树龄450年。

（十）大同市广灵县

广灵县蕉山乡西蕉山村北的焦山脚下，生长着一些野生文冠果树，有的长在沟沿，有的挂在距离沟沿1～2m的沟壁。树形似虬龙，古朴苍劲，树高2m左右，胸径最粗可达20cm以上，农历立夏前后开花，花瓣为白色，花蕊有粉色，有红色，有紫色，有绿色，还有橘黄色等，质朴典雅，十分美观。

据蕉山村人讲，刘氏320多口人从蔚县阳眷村北堡搬迁至此村时，荒野沟畔就有野生木瓜。村东堡钟王庙院里有一棵高约4m、干粗20cm的文冠果树。

图5-29　广灵县文冠果古树

（十一）大同市天镇县

在天镇县张西河乡上营村，生长着一棵茂盛的文冠果古树，相传已有300年树龄。县政府已将这棵古树列入古树名木保护范围。

这棵古树胸径约1m，树高约7m，树干上端长出4条粗约30cm的枝干，每条枝干都撑出一片茂盛的枝叶，远看似撑开的一把绿色大伞。在它的周围，由

图5-30　天镇县文冠果古树

该树根系滋生蔓延出5棵小树，并已结果。每年春天，古树上都会开出一朵朵粉色小花，到了秋季，结出一个个椭圆形、鸡蛋大小的果实。这些小果实散发出宜人香味，很远都能闻到。

（十二）长治市武乡县古城镇洪济院

在武乡县东良乡东良村洪济院围墙处，生长着两株文冠果。一株大的胸径63cm，树高9.1m，枝下高3.6m。因年时已久，树干木质腐朽，形成一个凹槽，多半无皮。主干上分南北2枝，北枝已枯死成干桩，南枝生长较茂。树冠偏向南侧，冠幅东西5m，南北7.4m。每年仍结一定数量的果实。在此株的西南5m处，还生一小株，树高8.5m，胸径28cm，干高2.3m，树冠呈塔形，冠幅东西3.2m，南北5.2m。枝干向西南方向弯曲。

图5-31　长治市古城镇洪济院文冠果古树（左、右）

（十三）吕梁市柳林县柳林镇贺昌村北路小山岗上香严寺

柳林香严寺始建于唐初，相传是由唐太宗的宠臣尉迟敬德负责修建，宋、金、元、明、清各代均有修缮和增建。原有东、中、西三组建筑群，今主院和西附院保存完好，包括中轴线上的山门（天王殿）、正殿、毗卢殿，东西侧最前端为钟鼓楼和附房，往北有伽蓝殿、慈氏殿、地藏十王殿、随喜殿等配殿，西附院内有崇宁殿、藏经殿和七佛殿。总共

图5-32　柳林镇贺昌村北路小山岗上香严寺古树石碑

图5-33 柳林镇贺昌村北路小山岗上香严寺文冠果古树

图5-34 柳林镇贺昌村北路小山岗上香严寺文冠果古树开花

15座建筑中有金朝1处，元朝7处，明朝7处，是山西境内首屈一指的金元建筑群，为研究我国早期佛寺建筑提供了重要例证。

寺内现存文冠果古树1株，树高近7m，胸径54cm，树冠丰满呈半圆球形，冠幅超过9m，树龄800年以上，树势良好，吸引很多游人驻足观赏。

三、北京市

（一）北京故宫博物院

故宫的一草一木都有着独特的故事。在人间四月芳菲尽的时节，如果你进入故宫，穿过太和殿、中和殿、保和殿三大殿，然后右转从珍宝馆进入，走过宁寿宫旁的左侧门，在宫墙和假山的角落里会发现赫然立着一棵开满鲜花的小树，这就是大名鼎鼎的故宫文冠果树了。

在满是红墙金瓦的小小角落里，突然看到这株花瓣边缘洁白、花蕊中间变换颜色的植物，常常会惊叹它的奇异和美丽，心里顿时升起神奇和惊讶的感觉。

这株文冠果树，树身只有成年人的胳膊粗细，显得有些瘦弱，但它却是一位历经风雨、见过兴衰，并且参与过许多历史事件的"老人"。据清宫内工档案记载：养性门外旧植有文冠果树二株。现如今只剩假山旁这孤零零的一株了。

这株文冠果，可是声名显赫。孝庄皇后在康熙登基后，居住宁寿宫修身养性，闲来无事喜欢栽花弄草，一日听说文冠果象征"望子成龙，文冠当庭"，寓意美好，于是亲手栽植两株象征吉祥寓意的文冠果到养性门外，希望青年皇帝玄烨重视汉族文官，要利用文人辅佐治理国家，保障长治久安。清圣祖敕撰《御定广群芳谱》卷六十七也详细记载了文冠果的来历和价值等。

图5-35　故宫文冠果古树

（二）八大处大悲寺

八大处有四宝，其中一宝就是位于大悲寺药师佛殿院中的文冠果。这棵文冠果有数百年的树龄，树干斑驳，碗口粗细。说起这棵树，那可不简单，大悲寺内文姓和尚常在树旁诵经作诗，每当他绕着文冠果树转圈时，就激发起创作灵感，写出好诗来。在明清两代，三年一次的会试、殿试大考，全国各地的考生们在应试完等待发榜时，都会来到这两棵文冠果下，借着"文官果"的喻义，在树下吟诗作画，并祈求文官果能给他们带来好运，能够金榜题名。

康熙皇帝到八大处降香时，见院内有两棵古老的文冠果树，有感而发，御笔写下"大悲寺"三个字，寓文冠果为普度众生之树、大悲之树。八大处等寺院的文冠果榨的油，也常常被用来点长明灯。该油，不冒黑烟不熏佛、神像，因此僧人们把该油称为"敬神油"，文冠果也有僧灯树的称号。后来寺庙中的年长者

图5-36　八大处文冠果古树

开始食用文冠果油，发现常食后身体强健，祛病祛邪，利用价值极高，因此现有的文冠果古树在寺庙得到很好的保护和利用，几百年上千年的文冠果古树，多数保留在寺庙。

（三）法源寺

北京法源寺是有着1300多年悠久历史的古刹，是中国佛学院、中国佛教图书文物馆所在地，1983年被国务院确定为汉族地区佛教全国重点寺院。

法源寺在悠久的历史里留下数不尽的经典传说和故事，尤其是历史的纵深不断吸引着人们。其中元代张耆曾为它留下一首哀婉的律诗中有记载："只怜春色城南苑，寂寞余花落旧红"。我们无从探究张耆老人是否见证过文冠果的寂寞余花，但是法源寺见证了朝代的更迭、志士的牺牲，冷眼旁观式的无情；在"花亦爱名官"的默默无语里，将历史的纵深所赋予的厚重感，映射在古刹的落花里，被诗人记录

图5-37　法源寺文冠果古树

图5-38　法源寺内关于文冠果
古树的石碑记

了下来，如今依旧直抵心灵。

　　进入法源寺，一眼就会望到鼓楼前面的
镇寺之宝，北方菩提树——文冠果。法源寺的
文冠果古树原来是两棵，"左右对称栽植在寺
内钟鼓楼前"（《北京志·市政卷·园林绿化
志》110页），不知何时，东侧钟楼前那棵死
了，只剩下西侧鼓楼前的这一棵。2016年由于
南边的杨树伐掉，这棵文冠果开始开花，甚是
惹人喜爱。

　　这是一株高约7m、粗度30cm左右的文冠
果古树，可能明朝抑或之前就已经扎根这里，
伴随了数百年的暮鼓声声，静静守望着凡间的
世事变迁，见识过袁崇焕的辛酸凄凉，也见识
过谭嗣同的义气如天，更是在流年的时光里，
得到不少文人学士歌咏和赞叹。

　　清初大诗人吴伟业为之感慨系之，留下
了寓言深远、脍炙人口的诗篇《文官果诗》。
清乾隆年间，这株文冠果已成高树，当时著名
画家扬州八怪之一的罗聘在京时曾游览过法源
寺，题诗并勒石为碑，留下脍炙人口的诗词，

文官果诗
吴伟业

近世谁来尚，何因擅此名。
小心冰骨细，虚体绿袍轻。
味以经尝淡，香从入手清，
时珍夸众品，肴核太纵横。

法源八咏·其一
罗聘

首夏入香刹，奇葩仔细看，
僧原期得果，花亦爱名官。
朵朵红丝贯，茎茎碎玉攒，
折来堪着句，归向胆瓶安。

至今依旧镶嵌在法源寺的墙上。这株文冠果为白花型，花开时节，基部斑点由黄变红，惹得有心者想入非非。

这株镇寺菩提，也伴随着法源寺的晨钟暮鼓，穿越风霜，将文化、芳华一代代地传播下去，成为法源寺一道不得不驻足欣赏的风景。古刹因着这文冠果、佛法、历史的纵深，使得法源寺在时间上延长，在空间上拓展。

（四）北京孔庙

北京孔庙和国子监博物馆位于国子监街，始建于元代，合于"左庙右学"的古制，分别作为皇帝祭祀孔子的场所和中央最高学府。两组建筑群都采取沿中轴线而建、左右对称的中国传统建筑方式，组成了一套完整、宏伟、壮丽的古代建筑群。

北京孔庙进门的左侧有一棵神圣的树，那就是守候孔庙近千年的文冠果古树，该古树位于先师孔子行教像右手一侧的花园，西邻御碑亭，北面是碑林长廊，处于国子监和孔庙连门东北角。这棵神奇的文冠果高约8m，胸径约30cm，苍劲有力，散发着勃勃生机。

关于这棵树，没有找到详细记载，是何人栽植，又是为什

图5-39　北京孔庙文冠果古树

么栽植？但是这么粗大的文冠果，显然年龄很大了。在文冠果的南面，原来是一棵两根主干的古柏树，也不知道什么时候死掉了，树上缠满了爬藤，只有笔直的枯干直刺苍穹，与这棵文冠果相伴，因为古柏树的死亡，阳光铺满文冠果树冠，文冠果焕发生机，结了好多的果实。

可以想象，每个春天，孔庙里的文冠果盛放一树芳华，先白、次绿、次绯、次紫，花朵的颜色变化跟古代官袍的颜色代表的级别相对应，因此文冠果有"文官果"的别名，又有着"文冠当庭，金榜题名"寓意，各位学子汇聚国子监待考，都聚集文冠果树下祈祷许愿、启发灵感。殿试高中之后，又会到树下还愿，因此宋朝就有了慕容彦逢关于文冠果的诗记。

文人雅士喜欢文冠果，皆因文冠果在地方方言中有着不同的美好寓意，如文冠

果（寓意文曲星下凡）、文官果（"文官镇院"——文冠果有保佑官员官运长久的寓意）、文登果（寓意文人才子高登及第）、文果（文人之果，主要是各地孔庙对它的称呼）。全国各地的文冠果古树，多为宫殿庙宇、达官显贵人家所栽。在文化深厚的晋中、晋北地区，人们喜欢把文冠果栽在土窑洞的脑畔上，成熟的果实落下来，他们就会说"文曲星降临了""文官入院了"。文冠果也象征长寿、吉祥，栽种在院子里作为观赏树。

有了这些美好的寓意，我们就不难理解文冠果在孔庙的地位了，陪伴着至圣先师，即是护院使者，可以芳华满树、芬芳满院、硕果满枝，谁人会不喜爱呢？文冠果——传承着深厚中华文化，激励着代代学子积极向上。历朝历代以来完全符合人民对美好生活的向往。

（五）天坛公园

天坛位于东城区永定门内大街东侧，占地约273万m^2。天坛始建于明永乐十八年（1420年），清乾隆、光绪时曾重修改建。为明、清两代帝王祭祀皇天、祈五谷丰登之场所。天坛主要建筑有圜丘坛、皇穹宇祈年殿、皇乾殿、祈年门等。

天坛公园内现存有两株文冠果古树，树龄100多年，树势高大，左右对称，树高超过10m，地径超过50cm，冠幅在8m以上，在古树周围还有6株胸径10～20cm的

图5-40　天坛公园文冠果古树

图5-41 天坛公园文冠果古树

文冠果，每年春季花开锦绣，引得游客驻足欣赏、流连忘返。

（六）圆明园文冠果古树群

圆明园是中国清代大型皇家园林，位于北京市海淀区，始建于1707年（清康熙四十六年），由圆明园及其附园长春园和绮春园（后改名万春园）组成，也叫圆明三园，有"万园之园"之称。清帝每到盛夏就来此避暑、听政，故圆明园又称"夏宫"。1860年第二次鸦片战争期间，圆明园遭英法联军洗劫并烧毁，故址现为圆明园遗址公园。

盛时的圆明园，堪称当时的皇家植物园，园内有包括文冠果在内的百余种乡土花草树木。内宫档案记载，九州清晏栽植有文冠果。所谓"二十四番风信咸宜，

图5-42 圆明园文冠果古树花期

三百六十日花开竞放"，说的就是圆明园四时不尽的繁花、葱郁葱茏的绿树，与层

图5-43　圆明园文冠果古树群

层冈阜、潺潺流水和鸟语禽鸣，交织成一幅大自然的美景，令人陶醉。

（七）北京五塔寺文冠果古树

五塔寺坐落在北京市海淀区西直门外，始建于明成化九年（1473年），名真觉寺。乾隆二十六年（1761年）大修，为避讳，更名大正觉寺。因寺内建有塔，故俗称五塔寺。明永乐年间（1413年左右），印度僧人班迪达来到北京，献上金佛尊和印度式"佛陀迦耶塔"图样。永乐帝下旨建守造塔，明成化九年依所献图样建成金刚宝座塔。八国联军侵华，寺院荡然无存，唯塔幸存。

图5-44　北京五塔寺内保存的康熙皇帝御制文冠果诗刻石（康熙五十二年制）

图5-45　五塔寺文冠果古树萌生幼树

寺内原有文冠果古树一株，已死亡，现从古树树根又萌蘖形成文冠果幼树群，高度近3米。在古树旁边立有一块石碑，碑上刻有康熙皇帝所写的有关文冠果的文字资料。

四、河北省

（一）张家口市涿鹿县栾庄乡唐家洼村

张家口市涿鹿县栾庄乡唐家洼村唐存富院内有株文冠果古树。此树本为一株，由于雷电所击，从主干劈成三丛，根部连在一起。此树树高16m，胸径分别为235cm、204cm、138cm，冠幅约14m×13m。此树枝似龙爪，冠如巨伞，至今仍年年开花结果，白花艳丽喜人。

专家推测此树树龄为1000年。此株

图5-46　涿鹿县栾庄乡唐家洼村文冠果古树

文冠果位居河北省第一，被载入《河北省志·林业志》《河北古树志》《河北古树名木》和《张家口古树奇观》。

（二）张家口市蔚县许家营

张家口市蔚县陈家洼乡南许家营村有棵1400多年的文冠果，据传为樊梨花所栽植，至今根繁叶茂。樊梨花，突厥人，后期更换国籍为唐。父亲樊洪为隋朝西突厥寒江关关主，后期投唐。樊梨花是巾帼英雄的传奇人物，她的故事历代流传。

图5-47 蔚县陈家洼乡南许家营村文冠果古树

此树树高12m，胸径327cm，冠幅12m×12m。此树在主干1.7m高处分枝，主干向西南方向倾斜，树冠侧枝四散张开，酷似孔雀开屏，树名由此而得。2002年，乡政府修建铁围栏加以保护。2010年，上部枯死严重，主枝和基部又萌发出新枝。此株文冠果位居河北省第二，被载入《河北省志·林业志》《河北古树志》《河北古树名木》和《张家口古树奇观》。

（三）西第一庭院文冠果古树

位于张家口市怀安县怀安城镇至善街村木瓜巷薛立和家院内。此树树高10m，胸径165cm，冠幅8m×10m，树龄600年。该树在1.3m高处分成三大主枝，分枝呈龙爪形，花期冠呈白色，近些年加强肥水管理，年产种子4千克多。据现户主任吉田讲："此院薛家曾经出过秀才。"

此株文冠果位居河北第四，张家口市第三，被载入《河北省志·林业志》《河北古树志》和

图5-48 怀安县怀安城镇至善街村

《张家口古树奇观》。

（四）承德市平泉市台头山乡榆树沟村

自然生长着一棵树龄400余年的文冠果，经过几百年的风雨沧桑，经过一代又一代人的精心护养，如今在磨头山脚下茁壮成长。这棵古树也有着神奇的故事，几百年来，随着柳郎和秀姑爱情故事的传扬，一波又一波的信男信女前来拜访，都在祈福自己爱情甜蜜、人丁兴旺。由于取名"文冠果"，几百年来，无论是求学的文人举子，还是求官的达官贵人，都来慕名朝拜。时至今日，每年前来朝拜的人络绎不绝，使文冠古树所在地柳条沟成为远近闻名的旅游地。

该树高11m，胸径230cm，冠幅12m，树龄400年。古树花期在15天左右，花的颜色初期是白色的，生长几天后变成黄色的，之后变成红色，开始挂果。

近年来，这棵文冠果古树名气越传越大，得到了承德市文化旅游局领导的重视，派技术人员对树龄进行鉴定，并提出一系列的古树保护措施。古树所在地村委会组织村民，在

图5-49　平泉市文冠果古树

树下修建一个30m^{2}的树盆，每年浇水两次，又在树旁架设了监控设施。

（五）唐山市丰润区杨官林镇曹庄子

在曹庄子中学校园内，有一株树龄300多年的文冠果古树，树高5.2m，地径1.4m，冠幅6.1m×5.7m，采取了挂牌、围护、病虫害防治等保护措施，古树生长良好，顶部有枯枝。

古树始生于古东岳庙，重修于康熙五十三年（即1714年），距今已300多年。据考证，古庙门前有左右两株文冠果古树，后因改建移植，现存一株。

新中国成立后，庙宇改建为学校，古树得以保护。1990年，学校修建0.5m高的围墙对古树进行保护；随着树冠不断向外延伸，1996年重修围墙，并辅以铁条阻止

图5-50　唐山市丰润区杨官林镇曹庄子中学文　图5-51　唐山市丰润区杨官林镇曹
　　　　冠果古树　　　　　　　　　　　　　　　　庄子中学文冠果古树

学生靠近；2003年学校焊铁柱进行加固；2019年4月学校将连接铁柱的链条改为铁丝网。目前，学校计划将砖和水泥修建的围墙台面用大理石进行镶嵌，栅栏改用不锈钢材质，同时悬挂展示牌，将古树打造成学校靓丽的景观，供师生、校友及社会人士观赏。古树，不仅是一种自然遗产，也记载着一段历史，传承着这里的文化，记载着莘莘学子的过往。

（六）邯郸市邱县

此树位于河北省的邱县梁二庄镇刘段寨村，树龄约200年，近年还结果累累，在京南400千米黄河故道沙地生长，实属罕见。据此树主人介绍，此树是清朝诗人、学者刘大观（1753—1834），他曾任山西布政使，兼任晋、陕，豫三省盐务官。当时有5户人家栽种此树，现保留仅此一株。

图5-52　邯郸市邱县文冠果古树

（七）承德避暑山庄文冠果古树群

承德避暑山庄又名"承德离宫"或"热河行宫"，位于河北省承德市中心北部，武烈河西岸一带狭长的谷地上，是清代皇帝夏天避暑和处理政务的场所。避暑山庄以朴素淡雅的山村野趣为格调，取自然山水之本色，吸收江南塞北之风光，成为中国现存占地面积最大的古代帝王宫苑。避暑山庄是中国自然地貌的缩影，是中国园林史上一个辉煌的里程碑，是中国古典园林艺术的杰作。

据传，康熙甚喜文冠果，当初在皇家园林遍植文冠果，如今在避暑山庄院内的文冠果靠近热河泉东南角，也是春天绚丽的一道美景。

图5-53　避暑山庄文冠果古树群

图5-54　避暑山庄文冠果古树群

第三节 东北地区

一、辽宁省

（一）朝阳市北票市

在北票市北四家乡原乡政府院内有一棵文冠果古树，树高11.5m，胸径60cm，树龄300余年，由于采取了围护等保护措施，古树生长势良好。

图5-55 北四家乡北四家村文冠果古树

（二）北票八家子乡东庙

　　辽宁北票八家子乡东庙遗址4株文冠果古树的胸径分别约为100cm、74cm、50cm和28cm。这里的自然环境较为恶劣，这几株文冠果古树生长速度非常缓慢，因此其中最大的一株树龄至少在450年以上，两株树龄在400年以上，另外一株200年左右。未采取保护措施，但古树生长势良好。

图5-56　八家子乡东庙文冠果古树群

　　据当地人介绍，该处遗址曾经是一座寺院，可能建于清代乾隆年间，后毁于20个世纪"文化大革命"时期。这3株树龄超过400年的文冠果古树，是北票目前发现的树龄最古老的文冠果树，非常珍贵。如果这里的寺院建于乾隆年间，表明这几株文冠果树是人工移植到这里的，说明当时的人们已经掌握了一定的古树移植技术；不仅如此，这些文冠果树已经适应了这里的环境，因为周围散长的文冠果树苗都是天然下种而生。这几株文冠果古树已经引起北票市林业局的重视，将于近期挂牌保护。

（三）朝阳市建平县建平镇福全寺

福全寺遗址有一棵文冠果古树。树高12m，地径120cm，胸径80cm，冠幅4m，树龄1000余年，古树生长良好。《辽史·地理志》记载："辽太祖俘汉民数百户兔山下，创城居之，置惠州，领惠和县。金代废惠州，惠和县属大定府。元代，惠和县改属大宁路。明初，惠和县废。"辽代惠州建制历辽一代，存在约200余年。

福全寺文冠果古树在寺院正殿东西各栽植一株，2011年冬，一场大风将东侧的大树吹倒，现仅余西侧一株，虽经千年风霜，仍然枝繁叶茂。当地人非常热爱并保护文冠果古树，据说在1910年席卷东北三省的鼠疫泛滥时期，村人们纷纷到福全寺文冠果古树前上香烧纸，并取下树上枝干熬水喝，以期躲过这场骇人听闻的瘟疫。

图5-57　福全寺文冠果古树

（四）朝阳市朝阳县法轮寺

朝阳县法轮寺内现存一株文冠果古树，树龄300多年，树高超过10m，冠幅9m以上，为寺内一道风景。

图5-58　法轮寺内文冠果古树

（五）阜新市阜新蒙古族自治县大板镇

阜新海棠山风景区位于阜新蒙古族自治县大板镇境内（称沙日彻其格图山），距阜新市市区20km，是中国藏传佛教黄教东方中心现存代表。海棠山现有260余尊摩崖造像，其中，藏传佛教黄教创始人宗喀巴造像雕刻在一块高大凸起的岩石上，格外醒目。此外，还有藏传佛本尊诸佛，因而海棠山又被称为藏传佛教摩崖造像艺术名山。据说这佛像身上的染料都是取海棠山上的一些植

图5-59　海棠山文冠果古树

物配制而成的，使人们观后产生对悠久历史的追忆，对设计者和雕刻艺术匠人的丰富联想。

景区内现存一株文冠果古树，树势高大伟岸，树冠丰满匀称，树龄200多年，树高超过9m，胸径超过70cm，冠幅11m以上。

（六）阜新市太平区塔子沟积庆寺

辽宁省阜新市太平区水泉镇塔子沟村有一处寺庙，名为积庆寺，蒙古名"宝音乎尔格奇苏目"。积庆寺始建于清康熙四十四年（1705年），初为当地蒙古贵族所建小庙，后因请来迪彦奇喇嘛洛布桑格拉坚措（一世活佛）而得以发展。至二世活佛因其佛法精深而得到奉天一带锡伯族富商信服，得以筹资扩建寺庙，道光十四年（1834年），道光帝亲赐寺名为"积庆寺"，并拨国款

图5-60　积庆寺文冠果古树

图5-61　积庆寺文冠果古树群　　　　图5-62　积庆寺文冠果古树

修建了两大扎仓，即哲学院与密宗学院，积庆寺名闻东蒙地区，是佛教旅游观光的重要景区。

积庆寺内现存文冠果古树3株，最大一株树龄超过200年，地径超过40cm，由于人为破坏已经枯死，现从基部又萌生出新枝。另外2株较小，树龄在150年左右，树高5m左右，胸径30cm左右，冠幅近3m，树势较好。

二、吉林省

吉林文庙，始建于乾隆元年（1736年），位于吉林省吉林市昌邑区南昌路2号，总占地面积16354m²，与南京夫子庙、曲阜孔庙、北京孔庙并称为中国四大文庙。吉林文庙的建立是清朝政府对汉文化传入东北地区的认可，是汉文化与东北少数民族文化互通有无的历史见证。吉林文庙的兴建对满汉文化的融合起到了促进作用。

在文庙的花园内，有一株文冠果古树，沧桑的枝干每年都会开出五彩的花朵，也是每个拜会

图5-63　吉林文庙文冠果古树树枝

图5-64　吉林文庙文冠果古树与保护牌

文庙的官员必须朝拜的古树，传承着文人、士大夫入仕的美好愿望。因此，生长在文庙里的文冠树很受青睐，人们会在它的树干上绑一根红布条，许下学有所成的美好愿望。

三、黑龙江省

在哈尔滨市南岗区果戈里大街哈尔滨儿童公园内现存一株文冠果古树，树高7.5m，基径47cm，冠幅8m左右，树龄已超过100年。

图5-65 哈尔滨市儿童公园文冠果古树保护牌

图5-66 哈尔滨市儿童公园文冠果古树

第四节 华东地区

一、潍坊市经济开发区

潍坊市文冠果古树引种自内蒙古赤峰市，两株古树胸径分别是76厘米、80厘米，高度同为9米，冠幅同为8米，这两株文冠果古树被当地人们称之为"神树"，距今已经有几百年的历史，挺立在潍坊市母亲河白浪河的西边，也是潍坊历史的见证，每年吸引很多游客参观、祈福。当地人说，这棵树寓意"文官当庭，金榜题名""文冠入院，高中状元"。人们都期盼孩子们能够金榜题名，登科及第入仕，人们栽种文冠果，象征长寿、吉祥。

二、济宁市兖州区三河村

文冠果古树位于兖州区酒仙桥街道三河村，估测树龄350年，生长旺盛，有围台，有专人管理。

图5-67 经济开发区文冠果古树（左、右）

图5-68 兖州区三河村文
冠果古树（左）
与保护牌（右）

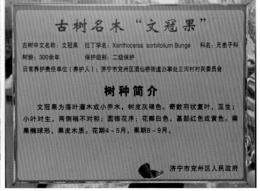

古树名木"文冠果"

古树中文名称：文冠果　拉丁学名：Xanthoceras sorbifolium Bunge　科名：无患子科
树龄：300余年　　　保护级别：二级保护
日常养护责任单位（养护人）：济宁市兖州区酒仙桥街道办事处三河村村民委员会

树种简介

文冠果为落叶灌木或小乔木，树皮灰褐色。奇数羽状复叶，互生；
小叶对生，两侧稍不对称；圆锥花序；花瓣白色，基部红色或黄色。蒴
果椭球形，果皮木质。花期4~5月，果期8~9月。

济宁市兖州区人民政府

三、淄博市沂源县

沂源县的文冠果树，有着400余年的历史，当地人说，这棵树寓意"文官当庭，金榜题名"。据传这棵树是明朝初期本村一个县太爷栽的，从那以后，这个村子很多人登科及第，后代更多的孩子不断进步。村里的人们读书成名，外出为官，留下许多为民办事的事迹，后代人就一辈又一辈地以之为榜样，于是大家互相比拼，共同进步，这棵树受到更多人的爱护，也激励一代又一代的新青年不断奋斗。

图5-69 沂源县文冠
果古树保护
牌（上）与
文冠果古树
（下）

四、邹平市皇家寺庙——唐李庵

在山东邹平的城西5km有一座会仙山，被赞誉为"鲁中第一幽境"。此山不高而秀雅，林不广而茂盛，曲径通幽、玲珑别致。在会仙山山坳里，四面环山之处有一座幽静而古香古气的庵寺，叫作唐李庵。走近唐李庵，感觉这里真是一个超凡脱俗、与世隔绝的圣地。

图5-70　唐李庵文冠果古树保护牌

"山不在高，有仙则名，水不在深，有龙则灵"，唐李庵玲珑精粹、文脉昌盛，香火旺盛，远近闻名。据说唐李庵是唐朝的一位公主所建，是皇家的家寺。这位公主是李世民的一个妹妹，这位公主生性与世无争，见到李世民与兄弟间为了争夺皇位而互相厮杀，心里很是难过，于是她便决定做

图5-71　唐李庵文冠果古树

"和事佬"，但是没承想反而造成几位兄长都对自己有了很深的误会，使得她心里很难过，于是她便决定云游四海，远离皇宫。一直到她老年的时候，经过此地，觉得是个安身养老的好地方，便修建了庵寺，因为建造于唐朝，自己姓李，因此起名曰"唐李庵"。唐李庵院内有大殿及东西偏殿，大殿屋脊梁、角、檐均有双龙和吻兽，殿内的房梁上都刻画有龙的图案。这些图案至今保存完好。

唐李庵依山而建，朱红色的大门，青砖青瓦的屋檐与墙壁。唐李庵最古老的要数千年文冠果古树，相传是唐李公主所植。这棵文冠果古树原主干粗壮高大，枝繁叶茂，郁郁葱葱，经历史的沧桑后依然顽强地活了下来，现在发出的新枝，每年依然开花结果。寺院栽植的文冠果，历经千年，为庵寺文脉所系，许多历史文化名人都曾为祈愿才高八斗、妙笔生花而三拜此树。笔者2019年10月16日亲临树下，感受到文冠果古树的古朴和沧桑，其基部大约50cm，其中一枝主干于2004年枯死，另一主干生长旺盛，很多萌芽枝条交错，根系穿墙而入，古树新生，萌发了一株大约6cm的小文冠果，居然开出数朵冬花。

站立古树下，初冬的寒风微冷，已经无从探究当年植树人真实的目的，也许是当年的文冠果代表皇家的学识和权威，也许是作为皇家庵寺的印证，在猜测中能感受古树历经千年风雨之后的沉稳，只知道这棵古树延续了种树人的生命，也生长为阅览千年的尊者，感受着世人的顶膜礼拜，也护佑着乡民。树是有灵性的，树=木+对，树木是文化的传承，也是中华民族精神的延续。也因着这棵文冠果古树，庙里增加更多的文化气息，香火也越来越旺。

文化是一个民族生生不息的力量。庵寺的文冠果伴随着千年风云变幻的历史，接受着华夏文明的滋润，当年的小苗，终于长成好大一棵树。

第五节　内蒙古自治区

一、赤峰市

（一）敖汉旗丰收乡

在丰收乡白塔子小学校园内，有一株树龄约130年的文冠果古树，树高8m，胸径242cm，冠幅11m，树势良好，目前还在结实。

该古树在伪满警察署贝子府后仓院址内。1929年伪满洲为镇压人民，在丰收

图5-72　丰收乡文冠果古树

白塔子建立了警察署，因这棵"文官果"树，表示"文官能治理国家，武官能打天下"的含义被保留下来。新中国成立后，在此建立了村级小学，将此树作为学校的象征，加以严格保护，祝福白塔子学子年年夺冠。此树历经百年，现仍生机勃勃，

图5-73　丰收乡文冠果古树

它见证着这所学校的发展历史，与这所学校一样结出累累硕果，挺拔的树干、粗裂的纹痕铭刻着这所学校辛勤耕耘的一代代园丁，眷恋着一届届莘莘学子，古树苍劲不老的精神，将永远激励着在这工作和学习的全体师生，积极向上，勇往直前。

（二）敖汉旗四家子镇文冠果古树群

在四家子镇下房申村贝尼格十三组北山原老爷庙，有一处文冠果古树群，平均树龄120年，该古树群有古树4株，树高6～7m，胸径140～160cm，冠幅6～8m，古树下由于自然落种有幼树生长。该古树群地处背风向阳的小山窝中，目前生长较好，还在结实。

图5-74　四家子镇文冠果古树群

（三）喀喇沁旗小牛群镇文冠果古树群

小牛群镇小木匠营子村村委会院内现保存有一处文冠果古树群，这里原来是一个清朝后期建的老爷庙，距今200年左右。这个古树群有5棵文冠果古树，集中分布，目前树势一般，村里采取了保护措施。具体古树情况见表5-1。

表5-1　喀喇沁旗小牛群镇文冠果生长情况调查表

序号	树高/m	胸径/cm	冠幅/m	估测树龄/年	古树具体生长地	生长状况
1	6.5	29.7	4×4	300	小牛群镇小木匠营子村村委会院内（老爷庙）第一棵	一般
2	7.2	41	5×5	300	小牛群镇小木匠营子村村委会院内（老爷庙）第二棵	一般
3	6.5	31.9	4×4	300	小牛群镇小木匠营子村村委会院内（老爷庙）第三棵	一般
4	6	31.7	5×5	300	小牛群镇小木匠营子村村委会院内（老爷庙）第四棵	一般
5	4.8	24.7	4.5×5	300	小牛群镇小木匠营子村村委会院内（老爷庙）第五棵	一般

图5-75 小牛群镇文冠果古树群

（四）宁城县小城子镇文冠果古树群

　　普祥寺坐落于小城子镇柳树营子村，俗称石砬子庙，始建于清朝顺治年间，是目前宁城县保存比较完整的一座藏传佛教寺庙。普祥寺鼎盛时期僧侣多达99人，每逢阴历初一、十五都有成百上千的信众上香敬佛，祈求上天和佛祖赐福黎民百姓，保佑人间祥和。

　　普祥寺门前的10棵文冠果古树和西侧乌姓人家院里一株古树至今已有375年的历史，都属于国家二级古树，被誉为中国北方最古老的文冠果古树群之一（见表5-2）。这些古树树姿婀娜，叶形优美，花色瑰丽，具有极高的观赏价值，在带给人们极大喜悦的同时，又仿佛在默默诉说着悠久的故事。每年五月初，文冠果花悄然绽放，满树繁花似锦，十里花香飘溢，吸引许多游客前来观赏游玩。

表5-2　宁城县小城子镇文冠果生长情况调查表

序号	树高/m	胸径/cm	冠幅/m	树龄/年	古树具体生长地	生长状况
1	10.8	70	7×8	375	小城子镇柳树营子村一个住户家	良好
2	10.5	59	6×6.5	375	小城子镇柳树营子村柳树营子村第一棵	一般
3	7.6	56.8	7×4.5	375	小城子镇柳树营子村柳树营子村第二棵	一般
4	10.8	64.5	10×6	375	小城子镇柳树营子村柳树营子村第三棵	一般
5	3.5	30.2	3×5	375	小城子镇柳树营子村柳树营子村第四棵	一般
6	8	59.4	5×6	375	小城子镇柳树营子村柳树营子村第五棵	一般
7	5.5	37.2	5×4	375	小城子镇柳树营子村柳树营子村第六棵	一般
8	9.3	58.5	7×6	375	小城子镇柳树营子村柳树营子村第七棵	一般
9	5.8	20.8	3×5	375	小城子镇柳树营子村柳树营子村第八棵	一般
10	6	22.8	4×4	375	小城子镇柳树营子村柳树营子村第九棵	一般
11	7.8	29.8	6×7	375	小城子镇柳树营子村柳树营子村第十棵	一般

图5-76　小城子镇文冠果古树群

（五）翁牛特旗梵宗寺文冠果古树群

在翁牛特旗乌丹镇北4km有一处梵宗寺，始建于清雍正十年（1732年），3年后毁损于洪灾。清乾隆八年（1743年）重建，乾隆二十年竣工，并由乾隆帝赐名。该寺为汉式建筑的藏传佛教寺院，依山势起伏由南向北布局，由山门、正殿、东西配殿、关帝殿和经卷殿组成，现有房屋115间，占地5000m²。

梵宗寺每座殿宇都建在石台基之上，为青

图5-77 梵宗寺文冠果古树

图5-78 梵宗寺文冠果古树

图5-79　梵宗寺文冠果古树群其中三棵

砖灰瓦木架结构，梁枋上绘有多彩的游龙和花卉，墙上还保存有一批壁画，以及精美的雕刻等。这是赤峰地区现存规模较大、保存较完整的古建筑群。寺院周围树木茂密，环境优美。寺内现保存有文冠果古树6株，具体情况见表5-3。

表5-3　翁牛特旗樊宗寺文冠果生长情况调查表

序号	树高/m	胸径/cm	冠幅/m	树龄/年	古树具体生长地	生长状况
1	8	51.5	5.5×6	240	乌丹镇梵宗寺广场前第一株	一般
2	8.5	23.5	4×4.5	200	乌丹镇梵宗寺广场前第二株	一般
3	14	60.5	9×7	240	乌丹镇梵宗寺（老郭家）	良好
4	9	36.5	5×4	240	乌丹镇梵宗寺（僧舍）	良好
5	12	52	7.5×5	240	乌丹镇梵宗寺（学校）	良好
6	11.5	51.5	5×3	300余年	乌丹镇梵宗寺（院内）	较弱

图5-80　梵宗寺文冠果古树

（六）巴林左旗石房子文冠果古树群

石房子位于内蒙古赤峰市巴林左旗林东林场石房子分场的辽祖州城遗址外城西侧，距西北墙50m处的高台上，周围有一矩形院落遗址，石房子建在院内中后方。祖州石房子属考古学上的石棚石室建筑，是目前已知的世界最大的石棚石室建筑的个体实物，弥足珍贵。

石房子现在属于巴林左旗林东林场的一个作业

图5-81　石房子文冠果古树群

区，目前保存有文冠果古树群面积80hm²，起源于辽代。辽太宗耶律德光打败北宋占领幽云十六州（今山西大同一带）后，带回文冠果种子播种后形成此古树群，已有1000多年的历史。后来经过多次战乱被烧毁多次，现在保存的古树群是天然次生林，其中树龄最大的在350年以上。这片古树群已成为重要的文冠果种质资源和旅游观光资源，得到了较好的保护。

图5-82　石房子文冠果古树群

（七）巴林左旗召庙文冠果古树

巴林左旗召庙位于内蒙古自治区赤峰市巴林左旗林东镇南15km处，当地人也叫宝格达召或阿贵图庙（蒙语音译）。召庙始建于辽王朝，占地面积68.22hm²，由石窟和外殿两部分组成，石窟开凿于辽代，史称真寂之寺，外殿建于清代，名为善福寺区及千佛殿，是内蒙古自治区级重点文物保护单位。庙附近有百年文冠果古树屹立，伴随着庙宇的晨钟暮鼓。

图5-83　巴林左旗召庙文冠果古树

图5-84　巴林左旗召庙文冠果古树

（八）阿鲁科尔沁旗罕苏木辽代墓地文冠果古树群

阿鲁科尔沁旗有文字记载和文物佐证的历史有5000多年，全旗境内有古遗址204处，古窑址7处，古墓葬190处。耶律羽之家族墓群是其中之一，在阿旗罕苏木古日班呼硕嘎查的朝格图山南麓。这是一座规模宏大的辽代前期墓葬，其墓室建造豪华，结构精细考究，犹如地下宫殿。尤其墓室地面采用琉璃砖铺砌，整个墓室典雅豪华，四壁溢

图5-85　罕苏木辽代墓地文冠果古树群

彩，这在以往发现的辽墓中尚无先例，堪称一绝。1992年，经国内权威机构评定，列为"全国十大考古新发现"之一。

此墓周围群山环绕、草木茂盛，现保存一处文冠果古树群，面积近1.33hm²，共约1500多株古树，平均胸径12cm，其中最粗的古树胸径超过30cm，每年还在开花结果。近年来，全国各地文物专家和日本、英国、美国、德国、加拿大、韩国等国外专家、旅游观光者先后慕名而来，这是一块亟待开发的集观光旅游、考古、民族风情于一体的旅游胜景。

（九）阿鲁科尔沁旗—拉西根丕庙（广佑寺）文冠果古树群

"拉西根丕庙"始建于嘉庆二十年（公元1815年），位于阿鲁科尔沁旗北部巴彦包力格苏木境内，是个充满神秘色彩的佛教圣地。

杨松活佛第二世巡游各地，

图5-86　拉西根丕庙（广佑寺）文冠果古树

路过这里，看到此地山势险峻、地势平坦、森林密布、水草肥美，便选定此地建庙。朝廷给予了"广佑寺"的庙匾，是阿鲁科尔沁旗现有寺庙中比较兴盛的一座。寺庙环境幽雅，人文景观与自然景观融合，是一处集佛教文化、民族风情为一体的旅游胜风景区。寺内现有文冠果古树9株，具体情况见表5-4。

图5-87　拉西根丕庙（广佑寺）文冠果古树

表5-4　阿鲁科尔沁旗广佑寺文冠果生长情况调查表

序号	树高/m	胸径/cm	冠幅/m	树龄/年	古树具体生长地	生长状况
1	4.5	30	4×4	120	罕苏木新艾里嘎查广佑寺对面广场内	一般
2	4.2	33	4.5×3.5	120	罕苏木新艾里嘎查广佑寺对面广场西	一般
3	4.2	31.5	3×3	120	罕苏木新艾里嘎查广佑寺广场房子边	较弱
4	7.2	45	5.5×5.5	150	罕苏木新艾里嘎查广佑寺广场西院内	良好
5	3.5	23	3×3	200	罕苏木新艾里嘎查广佑寺偏殿前	一般
6	5.2	23	3×4	200	罕苏木新艾里嘎查广佑寺院内塔边第一棵	良好
7	7	38	4.5×3.5	200	罕苏木新艾里嘎查广佑寺院内塔边第二棵	良好
8	4.5	19	4×5	200	罕苏木新艾里嘎查广佑寺院内塔边第三棵	良好
9	3.0	16	3×3.5	120	罕苏木新艾里嘎查广佑寺住户院内	一般

（十）阿鲁科尔沁旗绍根镇

古树位于绍根镇政府院内，有两株，树龄160年，树高分别为8m和7m，胸径分别为100cm和130cm，冠幅分别为5m和8m。古树所在地原为台本庙，建于清同治三年（1860年），为藏传佛教寺院。"台本"蒙语译为"五十"，为清朝通往呼伦贝尔驿道的驿站所在地，清朝每隔

图5-88　绍根镇文冠果古树

25km设驿站，并安排50个人家管理驿站，台本庙由此得名。

（十一）阿鲁科尔沁旗天山镇查不嘎庙

这株古树生长于海拔370m的天山镇居安村的天山粮油公司院内，树龄400多年，树高10m，胸径157cm，冠幅8m。古树所在地土质为栗钙土，古树树势较弱。

该古树所在地原为查不嘎庙所在地，查不嘎庙亦称成达寺，为藏传佛教寺院，清乾隆年间修建，属于藏式碉楼风格，共存殿堂50余间，是天山镇最早的建筑。天山镇最早的地名便以查不嘎庙命名，后来在庙的附近发展成为大集镇，成为阿鲁科尔沁旗首府所在地，新中国成立后遂以查不嘎庙附近的腾格里乌拉命名，汉语译为天山。

图5-89　查不嘎庙文冠果古树

（十二）阿鲁科尔沁旗巴拉奇如德苏木

巴拉奇如德庙位于内蒙古赤峰市阿鲁科尔沁旗巴拉奇如德苏木，始建于顺治八年（1651年），亦称"囊助菩提寺"，汉名"宝善寺"。该庙历史悠久，建筑规模宏伟，庙宇壮观，建筑样式仿拉萨的布达拉宫，对清代藏式庙宇建筑及喇嘛教在阿鲁科尔沁地区的传播和发展，以及对当地社会政治、经济、文化诸方面都有影响，为国家级文物保护单位（2006年第六批），是阿鲁科尔沁旗草原旅游的重要景点。

寺内现保存文冠果古树3株，具体情况见表5-5。

表5-5 阿鲁科尔沁旗宝善寺文冠果生长情况调查表

序号	树高/m	胸径/cm	冠幅/m	树龄/年	古树具体生长地	生长状况
1	7.0	28.0	4×4	200	巴拉奇如德苏木驻地达兰花－宝善寺殿前第一棵	良好
2	5.0	28.5	5×5	200	巴拉奇如德苏木驻地达兰花－宝善寺殿前第二棵	良好
3	3.5	21.5	3×2.5	200	巴拉奇如德苏木驻地达兰花－宝善寺门前第三棵	一般

图5-90 宝善寺文冠果古树

二、鄂尔多斯市

（一）乌审旗乌审召镇

乌审召庙建于清康熙年间，是鄂尔多斯四大著名召庙之一，位于乌审召镇。乌审召庙由西藏喇嘛囊素兴建，时称囊素音苏莫庙，意为乌审旗之佛寺，亦称"甘珠尔经庙"。乌审召庙曾为清朝鄂尔多斯右翼前旗最大的寺院，统辖全旗各寺庙。

图5-91　乌审召庙文冠果古树

（二）准格尔旗西召

准格尔召，藏语名为甘丹夏珠达尔杰林寺，蒙语名为额尔德尼·宝利图苏莫，明朝赐名"秘宝寺"，清政府赐名为"宝堂寺"。位于准格尔旗准格尔召镇境内，当地人俗称"西召"。准格尔召是鄂尔多斯现存最大型的藏传佛教格鲁派寺庙建筑群，始建于明朝天启二年（1622年），整体建筑气势恢宏，布局精巧，堂殿鳞比，雕梁画栋，金琉碧瓦，飞檐斗拱，异彩纷呈，为鄂尔多斯最大的召庙建筑群，是研

图5-92　西召文冠果古树

究鄂尔多斯政治、经济、文化、宗教、民俗的活化石。准格尔召庙群因神秘多姿的佛事活动和至圣至洁的舍利塔而名扬大漠南北、长城内外。

（三）达拉特旗

达拉特旗现有文冠果古树8株，最高树龄310多年。具体生长情况见表5-6。

表5-6　达拉特旗文冠果生长情况调查表

序号	所在位置	树龄	健康状况
1	达拉特旗昭君镇高头窑赛乌素村宝利庙社（杜永明家）	270	良好
2	达拉特旗树林召镇原林业局幼儿园内	315	良好
3	达拉特旗树林召镇三眴梁工业园区	260	良好
4	达拉特旗树林召镇三眴梁工业园区	260	良好
5	达拉特旗树林召镇三眴梁工业园区	260	良好
6	市造林总场展旦召苏木大圆圐	110	良好
7	市造林总场展旦召苏木大圆圐	110	良好
8	市造林总场展旦召苏木大圆圐	110	良好

图5-93　达拉特旗文冠果古树

图5-94 达拉特旗文冠果古树

（四）准格尔旗

准格尔旗准格尔召镇西召村西召社佛爷商东，有两棵文冠果。树龄100年，树高7m，主干高1.8m，胸径70cm。此地海拔1316m。

图5-95　准格尔召镇文冠果古树

（五）鄂托克旗

鄂托克旗现有文冠果古树15株，包括古树群一处。具体详见古树调查表5-7。

表5-7　鄂托克旗文冠果生长情况调查表

序号	树高/m	胸径/cm	冠幅/m	枝下高/m	树龄/年	古树具体生长地	生长状况	结实情况
1	8.5	59	9	2.8	130	乌兰镇沙日布日都嘎查，乌兰镇壕沁召庙遗址，杨占林草场内	无病虫害	结实情况差
2	10	66	11	3.5	120	木凯淖尔苏木扎达盖嘎查，木凯淖尔镇扎德盖庙院内	无病虫害	结实情况好
3	6	41	7	2.1	120	木凯淖尔苏木扎达盖嘎查，木凯淖尔镇扎德盖庙院内	无病虫害	结实情况好
4	6	41	7	1.5	130	阿尔巴斯苏木	有病虫害、旱	结实情况差
5	10	60	12	2.95	150	阿尔巴斯苏木巴音陶老盖嘎查，巴音陶老盖庙	有病虫害	结实情况差
6	7.5	43	9	3.2	100	苏米图苏木苏里格嘎查，苏里格嘎查宾馆后院	无病虫害	结实情况好

图5-96　木凯淖尔镇扎德盖庙院内文冠果古树

图5-97　木凯淖尔镇扎德盖庙院内文冠果古树

（六）伊金霍洛旗

伊金霍洛旗现有文冠果古树11株，最大树龄350年，具体详见古树调查表5-8。

图5-98　苏布尔嘎镇苏布尔嘎嘎查文冠果古树

表5-8　伊金霍洛旗部分文冠果生长情况调查表

序号	所在地（乡镇/林场/小地名）	起源	树龄	胸径/cm	树高/m	冠幅/m	株数	生长状况	结实情况	病虫害情况
1	苏布尔嘎镇苏布尔嘎嘎查	天然	300	70	6	7	1	枯死、干旱	少	无
2	苏布尔嘎镇苏布尔嘎嘎查	天然	300	70	9	15	1	干旱	少	无
3	霍洛镇石灰庙村二社庙房后	天然	200	50	7	5	1	缺水严重	多	无
4	霍洛镇石灰庙村二社庙房后	天然	200	60	7	6.5	1	缺水严重	多	无
5	新庙蒙汉社	天然	350	80	13	9	1	缺水	多	无
6	新庙蒙汉社	天然	350	80	13	9	1	缺水	大量	无
7	新庙蒙汉社	天然	300	90	8		1	良好	无	无
8	甘珠庙一社杨保垚门前	天然	300	70		9	1	缺水	中	无

图5-99　新庙蒙汉社文冠果古树

图5-100　新庙庙外文冠果古树

图5-101　霍洛镇石灰庙村二社房后文冠果古树

（七）杭锦旗伊和乌素苏木乌兰阿贵庙

阿贵庙位于鄂尔多斯市杭锦旗伊和乌素苏木锡尼其日格嘎查境内，建于清乾隆年间，初建1处小庙，1939年与伊日古乐庙合建在锡尼其日格嘎查境内，有大小7处佛殿，共87间房间。庙内现有文冠果古树两株。

图5-102　阿贵庙文
　　　　　冠果古树

图5-103　阿贵庙文冠果古树与碑刻

三、阿拉善盟

在阿拉善盟，有一座著名的寺庙——承庆寺，是六世达赖仓央嘉措弘法的福地，位于阿拉善左旗。在寺庙周围，有6棵文冠果古树，相传为公元1716年仓央嘉措入蒙弘法之时怀里带来种子，播于承庆寺禅院，至今已经300余年历史了。除承庆的6棵之外，在绵延千里的腾格里、巴丹吉林沙漠里，散布着文冠果古树300余株，至今枝繁叶茂。

至今还传说有仓央嘉措与文冠果的故事。由于五世达赖喇嘛的宠臣第巴·桑结嘉措隐瞒五世达赖圆寂之事暴露之后，与驻藏蒙军首领拉藏汗发生激烈斗争，六世达赖喇嘛罗桑仁钦仓央嘉措被废黜。1706年，仓央嘉措被大军押往北京，次年走至青海湖时寻机逃脱。他化名阿旺曲扎嘉措，在游历了印度、安多、蒙古诸地10年后，于1716年来到了内蒙古阿拉善弘扬佛法。他热心为百姓祈福治病，很快被当地信众奉为上师，并同阿拉善第二代扎萨克阿宝王建立了供施关系。

承庆寺建立后，在修行弘法的过程中，仓央嘉措看到当地很多老年牧民因为

图5-104　阿拉善左旗承庆寺文冠果古树

图5-105　阿拉善左旗承庆寺文冠果古树

关节炎、高血压等病症十分痛苦，想起西藏喇嘛们都因饮用文冠果茶叶，不仅能缓解和治愈腰腿疼痛的毛病，而且身体健康、精神矍铄。于是，他便把随身带来的一颗文冠果种子种在了承庆寺西边的土地上。三年后，这棵文冠果树不仅开了花结了果，还在承庆寺以北又引种出了十几棵文冠果，花开富丽，硕果累累，蔚然成林。

仓央嘉措经常把用枝叶熬制成的膏药、晾制好的树叶、榨取的油脂，分送给患有风湿骨痛和高血压的病人，为他们解除了难熬的病痛。消息不胫而走，从此患有关节炎、腰腿疼和高血压等病的人们，从遥远的地方骑着骆驼来到承庆寺拜谒他，求取文冠果神药。

虽然历经300多年风雨沧桑，但承庆寺那棵文冠果依然枝繁叶茂，连年果实累累。就这样，仓央嘉措的故事在阿拉善大地广为流传的同时，这些文冠果也成了远近闻名的神树，接受着感恩者的顶礼膜拜。

蒙古族人对树木的尊崇源于他们对自然与生俱来的敬畏，在他们看来一草一木皆有灵性，他们爱惜身边的花草果树木，因而一些树木被赋予了神性的色彩并受到膜拜。每年春夏之交，当地农牧民群众都会为文冠果神树举行专场祭祀活动，祭祀奠仪隆重。现在，神树已然成为远近闻名的风景，很多人为一睹神树的风采远道而来。

四、通辽市

（一）奈曼旗章古台苏木

奈曼旗章古台苏木政府前，现存两株文冠果古树，树龄均为120年，树高7m，胸径77.4cm，一株冠幅为8m×8m，另一株冠幅为7m×6m。

图5-106　章古台苏木政府前文冠果古树　　图5-107　章古台苏木政府前文冠果古树名木保护牌

（二）库伦旗水泉乡格尔林嘎查

库伦旗水泉乡格尔林嘎查现存一株树龄280年的文冠果古树，树高9.5m，胸径57.3cm，冠幅7m×7m。

图5-108　水泉乡格尔林嘎查文冠果古树

（三）科左后旗僧格林沁王府

　　僧格林沁，蒙古族，博尔济吉特氏，内蒙古科尔沁右翼后旗人。清嘉庆十六年（1811年）出生在科尔沁左翼后旗哈日额格苏木百兴图嘎查普通台吉家庭。其父布和德力格尔，史书称璧启，是吉尔嘎朗镇巴彦哈嘎屯人，家境贫寒。道光五年七月（1825年），哲里木盟科尔沁左翼后旗第九代索特纳木多布斋郡王突然病逝，因索

王无嗣，奉帝谕科尔沁左翼后旗从索王近亲家族的青少年中选嗣。僧格林沁虽然只有15岁，但科尔沁蒙古的优秀血统成全了这个英雄少年。道光皇帝选中了他，使他成为索特纳木多布斋郡王的嗣子。而索王的妻子又是道光皇帝的女儿，论辈分僧格林沁为道光皇帝的外甥，深得皇帝的宠爱。僧格林沁为人忠厚，保持了科尔沁人特有的忠诚、直爽、憨厚和热情奔放的个性。选嗣前僧格林沁曾在昌图文昌宫读过三年书，他天资聪明、富有进取心。清咸丰五年（1855年）僧格林沁

图5-109　僧格林沁王府文冠果古树

晋升为亲王，后赐博王，建博王府，后升为元帅，列清末四大元帅之首。其他三位元帅是左宗棠、曾国藩、李鸿章。

　　1855年，著名爱国将领、第十任札萨克郡王僧格林沁因战功显赫，被清廷晋升为亲王，赐"博多勒嘎台"号。此后，旗的名称也改为"博多勒嘎台亲王旗"，简称博王旗，王府改称为博王府。博王府始建于清乾隆五年（1740年）。王府院落呈正方形，占地约4万m²，现仅存珍贵的正殿5间，后仓9间。

　　王府旧址现存一株文冠果古树，树龄170年，树高12.1m，胸径50cm，冠幅7m×7m。

第六章

文冠果古树资源保护对策与利用

　　文冠果古树是自然界和前人留下来的珍贵遗产和极其珍贵的分子育种材料，具有极其重要的历史、文化、生态、科研价值和较高的经济价值。全面加强文冠果古树保护，进一步增强全社会的文冠果古树保护意识，提升法治意识，创新保护举措，提高文冠果古树保护成效，意义十分重大。

第一节　古树资源保护相关法律规定

　　《中华人民共和国环境保护法》第二十九条规定："各级人民政府对古树名木，应当采取措施加以保护，严禁破坏。"1992年5月20日国务院第104次常务会议通过的《中华人民共和国城市绿化条例》第二十四条规定："对城市古树名木实行统一管理，分别养护。应当建立古树名木档案和标志，规定保护范围，加强养护管理。"并强调"严禁砍伐或者迁移古树名木"，对"砍伐、擅自迁移古树名木或者因管护不善致使古树名木受到损伤或者死亡的，要严肃查处，依法追究责任"。

　　建设部于2000年颁发《城市古树名木保护管理办法》。2001年春天，全国绿化委员会办公室在京组织长期从事古树名木保护工作的有关专家，共同研究拟订了全国《古树名木保护管理条例》。

　　古树名木保护管理工作实行专业养护部门保护管理和单位、个人保护管理相结合的原则。古树名木分为一级和二级。凡树龄在300年以上，或者特别珍贵稀有，具有重要历史价值和纪念意义，重要科研价值的古树名木，为一级古树名木，其余为二级古树名木。生长在城市园林绿化专业养护管理部门管理的绿地、公园等的古树名木，由城市园林绿化养护管理部门保护管理；生长在铁路、公路、河道用地范围内的古树名木，由铁路、公路、河道管理部门保护管理；生长在风景名胜区内的古树名木，由风景名胜区管理部门保护管理；散生在各单位管界内及个人庭院中的古树名木，由所在单位和个人保护管理。变更古树名木养护单位或者个人，应当到城市园林绿化行政主管部门办理养护责任转移手续。

要积极推进古树名木保护法制化进程。一是把古树名木保护内容纳入新修订的《中华人民共和国森林法》中，并尽快出台《古树名木保护条例》。二是建立健全古树名木保护制度，加大对违法违规采挖、移植、贩卖、破坏古树名木的行为打击力度，严厉禁止移植古树名木用于城市绿化，努力做到从源头进行治理。

第二节　文冠果古树资源保护主要技术

近年来，国家有关部门制定了《古树名木复壮技术规程》《古树名木鉴定规范》《古树名木普查技术规范》和《城市古树名木养护和复壮技术规范》等多项标准，为古树名木资源普查、日常养护、抢救复壮等提供了技术支撑。2014年国家林业局指导中国林学会成立了古树名木保护分会，2016年国家林业局在西北农林科技大学建立了古树名木保护与繁育工程技术研究中心。下一步，要重点做好文冠果古树抗衰老、抗病虫、复壮及古树名木树龄测定等方面的科学研究，积极推广实用科学技术研究成果。同时，要积极开展文冠果古树的复壮技术研究，为古树名木的复壮管护提供技术支撑。

一、清除竞争性植物

植物群落中，不同植物之间以及不同的植物群落间要争夺光、水、养分以及地上、地下空间，因此，要清除文冠果古树树冠投影下生长的乔木、灌木和杂草，以保证古树生长所需的营养空间。

二、改善土壤环境

（1）打孔。对板结的地面打孔或树冠投影下的地面覆盖物由植物材料组成的碎木屑替代，增加土壤的透气、透水、蓄水能力，碎木屑自然降解后持续供给古树养分，并有利于土壤微生物的生存和活动。

（2）换土。深挖0.5m，把原来的旧土与沙土、腐叶土、大粪、锯末、少量化肥混合均匀之后再填埋其中。

三、加强古树名木的水肥管理

（1）灌水。每年春季4～5月灌2～3次透水，11月末或12月初进行冬灌，对生长在地势低洼地段的古树，修建排水沟及地下渗水管网。

（2）施肥。通过对古树周围土壤的分析结果确定施肥种类，根据古树名木的生长需要进行施肥，对于生长较健康的古树，在根际周围以施厩肥为主，对树势较弱的古树，以树干滴注液态肥为主。

（3）种植固氮植物。在人流量较少的古树地表种植豆科植物，如苜蓿、白三叶等，为古树复壮创造具有丰富营养物质、适宜的土壤含水量及土壤通气性能良好的立地条件。

四、及时做好病虫害防治

文冠果古树易受病虫侵害，由于先期害虫、病害等的危害，大量消耗水分和养分，易使树势衰弱。古树一旦衰弱后，蛀干害虫如小蠹虫、天牛等次期害虫乘虚而入，破坏树木的输导系统，容易造成树木死亡。因此，应坚持预防为主，综合防治，推广和采用以低毒无公害的生物农药为主，定期检查，适时防治，合理使用农药，注意保护天敌，减少环境污染等措施，增强树势，确保其健康生长。

五、及时采取抢救性措施

从普查反映的情况看，还有为数众多的文冠果古树生长衰弱，一部分已濒临死亡。各地要根据文冠果古树生长情况，采取设置保护性栅栏、支架支撑、填堵树洞、设置避雷针等抢救性措施。

例如陕西省合阳县一株文冠果古树，地理位置位于金峪镇河西坡村，树龄约1700年，此树已被列为陕西省古树名木。一场大雨之后，该树有2/3从根部折断倒地。县林业局立即派专业技术人员现场查看，并根据实际情况，及时采取保护和管护措施，设立围栏，将树根全部埋在土中，并从5个支点进行支架支撑加固。同时，严禁在古树根系分布范围内设置排水沟和污水渗沟、缠绕绳索、悬挂杂物等。对树体进行病虫检查，防止腐烂病的发生和蔓延。正是由于这些设立围栏、根基培土、搭架支撑等基本保护措施，使这棵历经千年沧桑的古树得到有效保护。

第三节　文冠果古树资源保护主要途径

完善文冠果古树资源档案，实行动态监测。各地要进一步做好文冠果古树资源的全面普查，及时对文冠果古树建档立案，形成完整的资源档案。要结合森林资源管理地理信息系统的建设，建立古树名木的动态监测体系，定期对古树名木的生长环境、生长情况、保护现状等进行动态监测和跟踪管理。

发布文冠果古树保护名录，设立保护标志。各地要依据普查结果，以县（市、区）人民政府的名义向全社会公布文冠果古树名木保护名录，并设立保护标牌和石碑，明令保护。

加强文冠果古树种质资源的复制保护。充分发挥现有技术手段的优势，利用文冠果古树的种子、枝条进行异地播种或无性嫁接，既有效保存文冠果古树的优良基因，又可为文冠果分子育种和良种选育提供重要途径。

加大宣传力度，提高保护意识。各地要通过多种途径加大对文冠果古树的宣传力度，提高全民的保护意识，在全社会形成热爱古树名木、保护生态环境的良好社会氛围。

加强组织领导，安排专项资金，确保文冠果古树保护成效。古树名木的保护管理既是一项社会公益事业，也是一项系统工程，各地、各部门要在当地党委、政府的统一领导下，按照属地管理的原则，落实管理职责，明确任务，安排专项资金，建立长效管护机制，提高保护管理的成效。

建议林业主管部门对于中华原种文冠果古树保护充分发挥建设性作用，扩大宣传，发起社会认养，让社会参与古树的保护。发起成立文冠果古树保护基金，建立古树电子档案和视频覆盖系统，真正让文冠果古树文化价值和生态价值得到全面体现。

第四节　文冠果古树资源利用研究成效

《国务院办公厅关于加快木本油料产业发展的意见》国办发〔2014〕68号文件要求：各级林业部门要组织开展核桃、油用牡丹、长柄扁桃、油橄榄、光皮梾木、元宝枫、翅果油树、杜仲、盐肤木、文冠果等木本油料树种资源普查工作，查清树种分布情况和适生区域，分树种制定产业发展规划。为此，河北、山西、陕西、甘肃4个省启动了文冠果天然林资源调查专项。

2016年以来，在国家林业草原文冠果工程技术研究中心的组织协调下，文冠果古树资源利用研究主要在文冠果古树的生物生态学特性、古树种质资源的收集保存与复制保护、古树优异种质在新品种培育中的应用、优异古树种质的繁育等方面，取得了重要进展。

一、初步弄清了文冠果古树的生物生态学特性

文冠果古树经过上千年的进化，已经成为我国干旱盐碱地区主要适生的木本油料作物，在系统发育、个体发育、年生长期、环境适应等生物生态学特性上进化出了一套独特的机制，即文冠果的抗旱、耐盐碱、耐贫瘠等生理特征缘于内源合成的超长链多不饱和脂肪酸VLCPUFAs（Very long chain polyunsaturated fatty acids）的调节机制。这种机制为研究逆境环境植物长寿的生物生态学研究提供了新思路。

文冠果野生古树主要分布于西北黄土高原一带，处于暖温带北缘部位，地带性植被为暖温带落叶阔叶林向森林草原区的过渡，气候属大陆性暖温带冷凉半湿润气候类型。如陕西、山西、宁夏、河北、内蒙古等省（区）。其生态特征为年平均温度1.9～16℃，昼夜温差月平均8.3～1.6℃，年平均降水量37～952mm，最湿月份降水量11～219mm，最干月份降水量0～29mm，降水量变化方差值为40～137。

通过不同文冠果种质资源叶片的表型、生理、基因表达等指标测定，发现叶片蜡质含量与其抗旱性密切相关，在一定程度阻止叶片非气孔性失水，减少紫外线伤害，可以作为文冠果抗旱种质筛选的重要指标（图6-1）；同时发现不同种质之间有很强的环境－基因型互作效应；叶片蜡质含量较高的种质资源中，与脂肪酸代谢相关的基因有大量富集，而在蜡质含量较低的文冠果种质资源中并未发现这一现象；共表达分析网络显示多个转录因子与这些差异基因呈现出高度的相关性，以及这些

转录因子与功能基因间潜在的调控关系，揭示了高蜡质叶片文冠果种质蜡质及抗旱性的复杂的遗传基础，打破了抗旱性与丰产不可兼得的传统观点，为抗旱丰产经济林木育种新理念的提出奠定重要基础，也为文冠果适生区的拓展提供重要的理论依据（Liu et al.,2020；Zhao et al.,2021）。

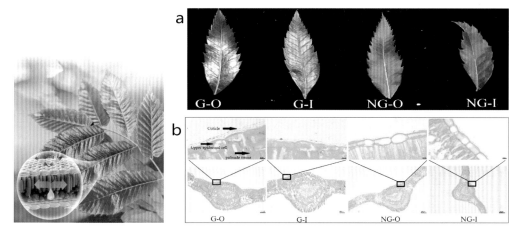

图6-1　文冠果叶片含有暗质

二、文冠果优异种质资源收集保存取得实效

近10年来，通过古籍记载分析和实地考察，基本摸清了文冠果古树的历史文化、分布区域和最佳适生区。在山东潍坊市、内蒙古赤峰市、辽宁省朝阳市、甘肃省张掖市、新疆石河子市等区域共收集保存文冠果优异种质资源1000余份，尤其收集保存了黄土高原和内蒙古高原等地区100多株优异的文冠果古树种质资源，其中

图6-2　山东潍坊市文冠果种质资源室外收集示范区

山东沃奇农业开发有限公司收集保存文冠果各类种质资源413份，建立种质资源圃约26hm²。大规模的文冠果种质资源收集保存，突破了制约文冠果优异育种资源匮乏的瓶颈，为我国文冠果核心种质的筛选、高世代育种群体的构建和高效育种奠定了基础，有效地保护和利用了中国特有文冠果的优异种质资源。

三、文冠果优异种质资源保护取得重要进展

在对文冠果古树资源调查的过程中，专家们都及时宣传古树保护的法律法规，开展古树保护技术咨询，使绝大部分文冠果古树资源得到了有效的保护。

对一些优异的文冠果古树种质资源通过采集穗条进行嫁接的方式建立无性系古树收集保存圃，并最终建成常规育种群体，实现了在保护古树资源的基础上选育良种的目标。此外，对濒危或生境恶劣的古树采取异地移

图6-3　山东潍坊市文冠果古树种质资源温室内嫁接繁育保护

栽、收集古树种子或种条进行播种育苗或嫁接繁殖等异地保护技术，有效保护了一批重要的古树资源。

四、选育出了一批文冠果优良新品种

通过广泛收集优异文冠果古树种质资源，在对物候期、果实结果性状等农艺性状，果实中不饱和脂肪酸，亚油酸，神经酸等含量，抗病性、抗寒性、抗旱性和抗涝性等抗逆性进行鉴定的基础上，筛选出具有特异性状的种质资源。

利用收集保存的国内文冠果种质资源，尤其是用文冠果古树的优异种质资源作为父本，通过控制授粉和分子育种手段，在对物候期、果实形态和经济性状，果实中不饱和脂肪酸、亚油酸、神经酸等含量，抗病性、抗寒性、抗旱性和抗涝性等抗逆性进行全面分析的基础上，选育出了一批具有优异性状的文冠果优良新品种，包括观赏、茶用、丰产和食用干果4个系列。

截至2020年底，通过国家林业和草原局正式授权的文冠果新品种已达31个，其中观赏型12个（北林6个）、丰产型18个、干果型1个。已经申报待审新品种20个。正式

'中石4号'和'中石9号'文冠果

国家良种审定 文冠果新品种区域试验连续4年丰产 **国家良种审定**

品种特性: 两品种连续丰产性能好,是当地实生文冠果产量的1.5倍~3倍。

'中石4号'叶片蜡质明显,抗旱性强,不饱和脂肪酸含量91.67%,神经酸含量为3.51%;

'中石9号'树势强,种子单粒重1.8g,种仁含油率高(66.06%)。

主要用途: 用作油料树种。

适宜种植范围: 适宜在我国东北、华北和西北地区,包括辽宁省、内蒙古、河南省、陕西省等黄土母质的山地、丘陵及沙地种植。

图6-4 国家级文冠果良种——'中石4号'和'中石9号'

'蒙冠1号'文冠果

品种特性: 树势强壮,树冠开张。结果枝粗壮。总状花序,两性花、孕花比例高。果实为穗状柱形果,单果种子数18粒,单粒种子大,直径15.94mm,种子干粒重为1586g。

主要用途: 用作油料树种,也可用于园林绿化。

适宜种植范围: 适宜在降水量300~400mm、年均气温3.5~14℃、无霜期140~220d、年日照时数1900~3100h的地区栽植。

图6-5 内蒙古自治区文冠果良种——'蒙冠1号'

'沃奇1号'文冠果

品种特性: 树体开张,生长旺,花量大,座果率低;花瓣外侧、内侧颜色随开花天数发生变化,盛花期花瓣通体紫色,花冠端庄,观赏价值高。

主要用途: 观赏性树种。

适宜种植范围: 本品种可在山东省文冠果适宜栽培区。

图6-6 山东省文冠果良种——'沃奇1号'

授权国家级文冠果良种2个，省级文冠果良种8个。由于这些优良新品种的选育成功，自2014年以来共获得良种选育推广方面的资助项目20余项，累计资金2300余万元。

五、苗木繁育技术取得重要突破

文冠果主要用种子和扦插繁殖，但自然环境下文冠果种子遗传性状不稳定，不利于保持亲本的优异性状；同时自然环境下文冠果插条生根率较低，扦插材料受季节影响较大，幼苗成活困难。文冠果优异种质资源难以快速繁育、大量培育限制了文冠果的种植推广。通过对文冠果苗组培和短周期嫁接等快繁技术的研究，可从源头解决文冠果优良品种培育及快速推广的困难。

近年来，国家林业草原文冠果工程技术研究中心联合丰沃集团丰沃植物研究院，甘肃省富优基尼生物技术有限公司，采集并筛选国内不同产地的高产、优良单株（品系）作为材料，从不同单株（品系）采集外植体，成功开发出多个品系的组培再生技术体系，完成了从实验室中试验到温室大批量组培苗生产的商业化验证，

图6-7 文冠果愈伤培养　　图6-8 文冠果生芽培养 图6-9 文冠果生根培养

图6-10 文冠果'蒙冠2号'良种组培全株苗图片（左、右）

图6-11　文冠果工厂化容器苗生产区

图6-12　文冠果优系无纺布容器实生苗　　图6-13　文冠果秸秆杯容器实生苗

实现了年生产合格组培苗10万株的目标。同时也为文冠果的现代生物技术精准培育优良文冠果及产业化提供了可能。此外，采取日光温室内冬季播种培育砧木、当年夏季嫁接、当年育苗、当年达到出圃标准的"三当"快繁育苗技术，申报了国家发明专利。利用露地1～2年实生苗，春季进行嵌芽嫁接，培育2根1干、3根2干良种新品种嫁接苗实现规模化，建立了行业技术标准。目前，以上技术已在辽宁省、内蒙古自治区、山东省等示范推广，累计繁育良种嫁接苗近百万株。

图6-14　国审良种——文冠果中石系列良种嫁接苗繁育

六、文冠果基因组研究

　　国家林业草原文冠果工程技术研究中心与中国林业科学研究院、东北林业大学、山东农业大学合作开展了文冠果的全基因组测序，进行了"金冠霞帔"文冠果国家级林木良种全基因组测序与百余株优树与新品种的重测序，完成了3个新品种的花发育过程的转录组测序，建立了蒙冠系列良种的基因图谱，打破了文冠果分子育种的下游研究瓶颈，为文冠果的精准分子育种奠定了直接科学基础。

表6-1　'蒙冠1号'和'蒙冠2号'样品测序数据统计

样本	原始数据	过滤后数据	比对率	Q20	Q30	GC含量	平均测序深度	覆盖率
'蒙冠1号'	52,641,394,000	51,105,631,000	98.27%	96.81%	91.87%	37.94%	93.35×	99.96%
'蒙冠2号'	46,305,948,000	45,439,703,000	98.29%	96.86%	91.78%	36.40%	86.76×	99.96%

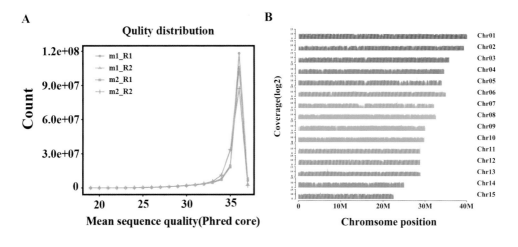

图6-15 '蒙冠1号'和'蒙冠2号'测序质量及染色体覆盖深度

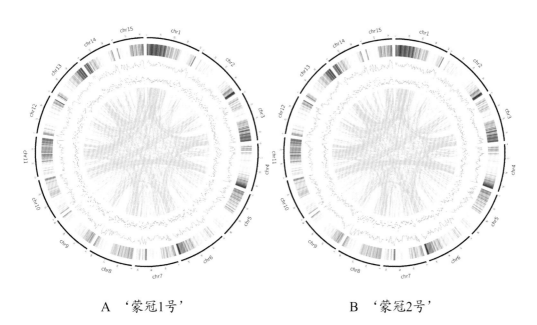

A '蒙冠1号'   B '蒙冠2号'

图6-16 '蒙冠1号'和'蒙冠2号'样品的变异位点在染色体上的分布

图6-17 单瓣白花文冠果   图6-18 单瓣红花文冠果   图6-19 重瓣花文冠果

第五节　文冠果古树资源研究利用前景

　　文冠果古树种质资源具有遗传多样性丰富、地域分布广泛、寿命长、对恶劣自然环境适应强、历史文化信息独特等特点，其研究利用前景广阔，潜力巨大。

　　利用文冠果古树对恶劣自然环境适应性强的特点，以全基因组学为代表的生物信息学分析为基础，从文冠果的生理生化、信号转导途径及基因表达调控等不同层面，开展文冠果特殊的生长发育和耐旱、耐瘠薄、耐盐碱、抗虫等高抗逆性的调控机制研究。

　　利用文冠果古树遗传多样性丰富、地域分布广泛的特点，全面收集古树种质资源，建立种质资源保存圃和多世代育种群体，在常规育种的基础上，从丰富的文冠果古树基因中挖掘可开发利用的特殊功能基因资源，开展文冠果的遗传基因改良、定向目标选育等分子育种研究工作。

　　利用文冠果古树寿命长和历史文化信息独特的特点，开展古树生长发育与自然气候演化、古树树龄测定、古树独特的历史文化信息挖掘、古树抗衰老与抗病虫机理等方面的科学研究，并将其研究成果运用到古树科普宣传、历史文化展示和乡村生态旅游中，提升生态文明建设水平。

　　古树的种质资源是遗传多样性的重要体现，是进行植物品种培育创新和改造的重要物质基础，已经成为国民经济和社会发展的重要物质资源。以文冠果古树种质资源为基础结合以全基因组学为代表的生物信息学分析为基础，从文冠果的生理生化、信号转导途径及基因表达调控等不同层面，探究文冠果生长发育机制，从丰富的文冠果基因中挖掘可开发利用的基因资源，为文冠果的遗传基因改良、品种精准选育提供分子育种基础。

　　文冠果古树在中国，意味着"种子"芯片在中国，我们要发挥文冠果固碳、节水的重要优势，深入贯彻习近平总书记"绿水青山就是金山银山"的生态发展理念，紧紧围绕"碳达峰、碳中和"战略目标，始终坚定不移走生态优先、绿色低碳的高质量发展道路。古树资源的收集、保护和利用，可以打造文冠果木本粮油示范样板，服务功能食品开发、生物医药产业、现代种业，森林康养与生态文旅产业等，助力乡村振兴和粮油安全，更好满足人民群众日益增长的美好生活需要，更好地服务于经济社会发展。

全国重点省（区、市）
文冠果古树分布情况统计表

省（区、市）	市	旗（县、区）	序号	树高/m	胸径/cm	冠幅/m	树龄/年	古树级别/级	生长状况	株数/株	备注
总计										403	3株以上古树群26处
内蒙古自治区	赤峰市	合计								179	3株以上古树群19处
		小计								78	古树群11处，面积约23.33hm²
		阿鲁科尔沁旗	1	10.5	60	9×7	200	三		1	
			2	7	28	4×4	200	三		1	寺内现保存古树3株
			3	5	28.5	5×5	200	三		1	
			4	3.5	21.5	3×2.5	200	三		1	
			5	4.5	30	4×4	200	三		1	
			6	4.2	33	4.5×3.5	200	三		1	
			7	4.2	31.5	3×3	200	三		1	
			8	7.2	45	5.5×5.5	200	三		1	
			9	3.5	23	3×3	200	三		1	
			10	5.2	23	3×4	200	三		1	
			11	7	38	4.5×3.5	200	三		1	
			12	4.5	19	4×5	200	三		1	
			13	3.5	16	3×3	200	三		1	
			14	7.5	18	3×2	200余	三			现存古树林分面积为1.33hm²
			15	6.3	47	8.5×9.0	210	三		1	
			16	6.3	39	6×6.5	200	三		1	
		巴林左旗	1	8.5	32	5×6	230	三		2	
			2	8	36	5.5×6	350	二		13	13株（胸径15cm以上）、20hm²古树群，均为白花型

（续表）

省（区、市）	市	旗（县、区）	序号	树高/m	胸径/cm	冠幅/m	树龄/年	古树级别/级	生长状况	株数/株	备注
内蒙古自治区	赤峰市	巴林左旗	3	2.5		1.5×2	100	三			0.67hm²白花型灌丛状古树群
		巴林右旗	1	7.0	31	4.5×3.5	200余	三		7	辽代墓地
			2	4.8	26	3×2	120～150	三		5	5株，庙已无
		翁牛特旗	1	7.5	46	3×4	300余	二		1	寺周边现存古树6株
			2	8	51.5	5.5×6	200余	三		1	
			3	10.5	23.5	6×7	200余	三		1	
			4	14	60.5	9×7	200余	三		1	
			5	9	36.5	5×4	200余	三		1	
			6	12	52	7.5×5	200余	三		1	
			7	11.5	51.5	5×3	300余	二		1	
			8	9	76	4.5×3.5	290余	三		1	
			9	6.2	41	6.5×3.5	180	三		1	
		松山区	1	8.7	43	4.5×4.0	210	三		2	
		喀喇沁旗	1	8.5	38	10×9	220	三		1	
			2	6.5	29.7	4×4	240	三		1	院内现存古树5株
			3	7.2	41	5×5	240	三		1	
			4	6.5	31.9	4×4	240	三		1	
			5	6	31.7	5×5	240	三		1	
			6	4.8	24.7	4.5×5	240	三		1	
			7	6.2	32	8×7	200余	三		1	
		宁城县	1	12.5	75.5	10×9	200余	三		1	
			2	10.8	70	7×8	350余	二		1	普祥寺周边现存古树11株
			3	10.5	59	6×6.5	350余	二		1	
			4	7.6	56.8	7×4.5	350余	二		1	
			5	10.8	64.5	10×6	350余	二		1	

省（区、市）	市	旗（县、区）	序号	树高/m	胸径/cm	冠幅/m	树龄/年	古树级别/级	生长状况	株数/株	备注
内蒙古自治区	赤峰市	宁城县	6	3.5	30.2	3×5	350余	二		1	
			7	8	59.4	5×6	350余	二		1	
			8	5.5	37.2	5×4	350余	二		1	
			9	9.3	58.5	7×6	350余	二		1	
			10	5.8	20.8	3×5	350余	二		1	
			11	6	22.8	4×4	350余	二		1	
			12	7.8	29.8	6×7	350余	二		1	
		敖汉旗	1	8.5	83.3	14×14.5	120	三		1	
			2	7	46	11×12	100	三		1	
			3	10	48.5	7×8	150	三		1	
			4	11.5	76	11×11	200余	三		1	该村原古庙处现存古树3株
			5	6	38	5×5	200余	三		1	
			6	5.5	25	4×4.8	200余	三		1	
	通辽市	小计								23	
		库伦旗	1	6.5	128（胸围）	7	280	三		1	
			2	9.5	180（胸围）	7	280	三		1	
			3							1	网络查询，待调查
		扎鲁特旗	1	7.1	144（胸围）	6	110	三		1	
			2	9.3	166（胸围）	5	110	三		1	
		科左后旗	1	4.5	47.8	4×3	130	三		1	
			2	12.1	157（胸围）	7	170	三		1	
		科右后旗	1							1	清乾隆时期古树，网络查询，待调查
		科右中旗	1							12	12株百年树龄，网络查询，待调查

省（区、市）	市	旗（县、区）	序号	树高/m	胸径/cm	冠幅/m	树龄/年	古树级别/级	生长状况	株数/株	备注
内蒙古自治区	通辽市	奈曼旗	1	7	77.4	8×8	120	三		1	
			2	7	77.4	6×7	120	三		1	
			3							1	网络查询，待调查
		小计								62	
		达拉特旗	1				100	三		1	
			2				260	三		3	
			3				110	三		1	
			4				110	三		2	
			5				315	二		1	
			6				270	三		1	
	鄂尔多斯市	准格尔旗	1	6.5	35	7.1×6.8	100	三		1	
			2	7.5	150（胸围）	6.7×5.8	400	二		1	
			3	7	70（胸围）		100	三		2	
			4	8	190（胸围）	10×11.7	400	二		1	
			5	7.5	100（胸围）	7×6.7	200	三		1	
			6	7	90（胸围）	6×4.2	200	三		1	
			7	7.5	60.4	8.8×7.8	350	二		1	
			8	7	61.6		360	二		1	
			9				200	三		15	现存古树16株
			10	9	46.8	9.5×9.1	150	三		1	

省（区、市）	市	旗（县、区）	序号	树高/m	胸径/cm	冠幅/m	树龄/年	古树级别/级	生长状况	株数/株	备注
内蒙古自治区	鄂尔多斯市	伊金霍洛旗	1	6	70	7	300余	二		2	2株
			2	9	70	15	300余	二		1	
			3	13	80	9	350	二		1	
			4	13	80	9	350	二		1	
			5	8	90		300	二		1	
			6	7	60	6.5	200余	三		1	
			7	7	50	5	200	三		1	
			8	5	104					1	
			9							1	网络查询，待调查
			10		70	9	300	二		1	
			11	8	96.8					1	
		杭锦旗	1							1	网络查询，待调查
		乌审旗	1				600	一		4	现存古树4株
			2							1	网络查询，待调查
		鄂托克旗	1	8.5	59	9	130余	三		1	
			2	10	66	11	120余	三		1	
			3	15	75	13	100余	三		1	
			4	6	41	7	120余	三		1	
			5	6	41	7	130余	三		1	
			6	10	60	12	150余	三		1	
			7	7.5	43	9	100余	三		1	
			8	7.5	90		150	三		3	现存古树3株
	呼和浩特市	小计								1	
		和林格尔县	1							1	网络查询，待调查
	包头市	小计								1	
		达茂旗	1							1	网络查询，待调查

（续表）

省（区、市）	市	旗（县、区）	序号	树高/m	胸径/cm	冠幅/m	树龄/年	古树级别/级	生长状况	株数/株	备注
内蒙古自治区	乌海市	海南区	小计							6	
			1		40		300	二		3	
			2				100～300	三		3	
	乌兰察布市	四子王旗	小计							1	
			1							1	网络查询，待调查
	阿拉善盟	阿拉善左旗	小计							6	
			1							6	寺周围现存古树6株，网络查询，待调查
	巴彦淖尔市	乌拉特前旗	小计							1	
			1							1	网络查询，待调查
北京市	北京市		合计							19	
			小计							19	
		昌平区	1							1	网络查询，待调查
		东城区	1							1	网络查询，待调查
			2							1	网络查询，待调查
			3							2	2株，网络查询，待调查
			4							1	网络查询，待调查
		房山区	1							1	网络查询，待调查
		海淀区	1							1	网络查询，待调查
			2							1	网络查询，待调查
			3							1	古树群1处，网络查询，待调查
			4							1	网络查询，待调查

省（区、市）	市	旗（县、区）	序号	树高/m	胸径/cm	冠幅/m	树龄/年	古树级别/级	生长状况	株数/株	备注
北京市	北京市	门头沟区	1							1	网络查询，待调查
			2							1	网络查询，待调查
		密云区	1				150	三		1	
			2							1	网络查询，待调查
		石景山区	1							2	2株，网络查询，待调查
		西城区	1							1	网络查询，待调查
			2							1	网络查询，待调查
			3					二		1	编号：11010400192 网络查询，待调查
河北省		合计								18	
	承德市	小计								5	
		丰宁县	1	8.2	136		107	三		1	
		平泉市	1				350	二		1	
			2	9	80	12×11	400	二		1	
			3				400余	二		1	
		双桥区	1								现存古树近50株
		隆化县	1	11.5	240		329	二		1	
	邯郸市	小计								1	
		邱县	1				200	三		1	
	石家庄市	小计								1	
		赞皇县	1				500	一		1	

（续表）

省（区、市）	市	旗（县、区）	序号	树高/m	胸径/cm	冠幅/m	树龄/年	古树级别/级	生长状况	株数/株	备注
河北省	张家口市	小计								8	
		怀安县	1	10	165		300余	二		1	
			2				600	一		1	
			3				300余	二		3	现存古树3株
		蔚县	1				1000左右	一		1	
			2				1000	一		1	
		涿鹿县	1				500	一		1	
	唐山市	小计								3	
		丰润区	1				400	二		1	
			2				400	二		1	
		滦南县	1	6	24	5×5	500余	一		1	
河南省		合计								16	
	三门峡市	小计								7	
		陕州区	1	9.5	60（胸围）	9	200	三		1	
		封丘县	1	5.5	156					1	
		灵宝市	1	7.5	165		350	二		1	
			2	8	110					1	
		陕县	1	9	166					1	
		武陟县	1	7	145					2	
	洛阳市	小计								1	
		嵩县	1				220	三		1	
	平顶山市	小计								1	
		鲁山县	1							1	网络查询，待调查
	商丘市	小计								3	
		夏邑县	1	9			1200	一		1	
			2							1	
		永城市	1				100	三		1	

省（区、市）	市	旗（县、区）	序号	树高/m	胸径/cm	冠幅/m	树龄/年	古树级别/级	生长状况	株数/株	备注
河南省	郑州市	小计								4	
		高新区	1				120～150	三		1	部分被砍
		巩义市	1	7.5	60（地径）		300	二		1	
		惠济区	1							1	网络查询，待调查
			2							1	网络查询，待调查
青海省		合计								1	
	西宁市	小计								1	
		西宁市	1	5.4	35	7.2×7.8	近60			1	
山西省		合计								76	
	大同市	小计								8	
		广灵县	1	8	48		350	二		1	死去已经10年，周围有萌蘖苗
			2	10			300	二		1	
			3	7	28		150	三		2	
		南郊区	1	8.5	44		200	三		1	
		浑源县	1							1	古树被烧
		天镇县	1	7	100		300	二		1	
		阳高县	1	7.5			150	三		1	
	朔州市	小计								4	
		朔城区	1	16.5	86		103	三		1	
			2	6.8	85		500	一		1	2017年被盗
		应县	1	10.8	38.2		330	二		2	1株早已死亡，1株被雷劈，依然活着，由于寺庙已经毁，无人看守，先是树干被盗伐，树桩也被乡政府的人员挖走了

（续表）

省（区、市）	市	旗（县、区）	序号	树高/m	胸径/cm	冠幅/m	树龄/年	古树级别/级	生长状况	株数/株	备注
山西省	忻州市		小计							13	
		代县	1	10	410		2000	一		1	
			2	9			110	三		1	
		定襄县	1	7	180		200	三		1	
		繁峙县	1	9			1000	一		1	
			2				1000	一		1	
			3	17	330		450	二		1	村西北角一家院子里，种了两株从西沿口村三官庙下挖出的树木，已经挂果，果实很大
		静乐县	1	9.6	46		110	三		1	
			2	4	110		230	三		1	
		五台县	1	7	40		300	二		1	已死亡被砍伐
			2	8	75		300	二		1	
			3	10.5	210		250	三		1	
			4							2	1株已死亡
	太原市		小计							11	
		尖草坪区	1	10	100		300	二		1	
		娄烦县	1	13	65		300	二		1	
			2	13			300	二		1	
			3	13			300	二		1	
		小店区	1							1	网络查询，待调查
		晋源区	1							1	网络查询，待调查
		迎泽区	1							1	网络查询，待调查
			2							1	网络查询，待调查
		清徐县	1	8	1.5		500	一		1	

省（区、市）	市	旗（县、区）	序号	树高/m	胸径/cm	冠幅/m	树龄/年	古树级别/级	生长状况	株数/株	备注
山西省	太原市	阳曲县	1	8.5	40		120	三		1	
			2	7	120		100	三		1	
	晋中市	小计								4	
		平遥县	1	3.5	32		500	一		1	
		太谷县	1	8	60		1000	一		1	
		榆次区	1	6.5	130		500	一		1	
			2	9	200		500	一		1	
	吕梁市	小计								5	
		汾阳市	1	9.3	46					1	
		岚县	1	9	190		350	二		1	
		离石区	1	9	119		600	一		1	
		中阳县	1	4	66		300	二		1	
		柳林县	1				800	一		1	
	长治市	小计								4	
		武乡县	1	9.1	61		500	一		2	
			2	12	219		500	一		1	
			3				500	一		1	
	临汾市	小计								22	
		大宁县	1	8	273		600	一		1	
		古县	1	9	408		300	二		1	
		吉县	1	12	220		500	一		1	
			2	4.9	35		150	三		14	现存古树14株
		蒲县	1	8	47		310	二		1	
			2	9	31		140	三		1	
			3	9	31		130	三		1	
		襄汾县	1	9	250		800	一		1	
		永和县	1	9	35		150	三		1	

（续表）

省（区、市）	市	旗（县、区）	序号	树高/m	胸径/cm	冠幅/m	树龄/年	古树级别/级	生长状况	株数/株	备注
山西省	运城市	小计								5	
		夏县	1							1	网络查询，待调查
		万荣县	1							1	网络查询，待调查
		临猗县	1							1	网络查询，待调查
			2							1	网络查询，待调查
		稷山县	1							1	网络查询，待调查
陕西省	榆林市	合计								14	
		小计								11	
		佳县	1	6	283（地径）	9.2×8.3	500	一	旺盛	1	
		靖边县	1	9	276	9.2×11	500	一	旺盛	1	
			2	8.5	160	12.4×10.8	600	一	旺盛	1	
		清涧县	1	9.16	402		1000	一		1	
			2	8	340	5×4.5	1000余	一	一般	1	
		神木市	1	2.5		8×20	120	三	一般	1	
			2	7	165	5.1×5.1	1200	一		1	
		榆阳区	1				150	三		1	
			2	11.6	246		300	二		3	
	渭南市	小计								1	
		合阳县	1	12			1700	一		1	
	咸阳市	小计								2	
		永寿县	1				600	一		1	
		淳化县	1				2000	一		1	

省（区、市）	市	旗（县、区）	序号	树高/m	胸径/cm	冠幅/m	树龄/年	古树级别/级	生长状况	株数/株	备注
		合计								24	
甘肃省	白银市		小计							6	
		靖远县	1	6	360（地径）					2	2株
			2							2	2株，网络查询，待调查
			3							1	网络查询，待调查
			4							1	网络查询，待调查
	兰州市		小计							2	
		城关区	1							1	网络查询，待调查
			2	2.8	13（地径）					1	古树被砍再生
	平凉市		小计							5	
		灵台县	1	7.1	90		600余	一		1	
			2	7	132		300	二		1	
			3	10	110		300	二		1	
			4	10	35		100	三		2	2株
	庆阳市		小计							8	
		合水县	1	7	51		120	三		1	
		宁县	1	6						1	网络查询，待调查
			2				200	三		2	
		庆城县	1	10	50		120	三		1	
		镇原县	1							1	网络查询，待调查
			2	9.5	215		600余	一		1	
			3							1	网络查询，待调查
	天水市		小计							3	
		清水县	1	7	40		100	三		1	
			2	11	33		300	二		2	

（续表）

省（区、市）	市	旗（县、区）	序号	树高/m	胸径/cm	冠幅/m	树龄/年	古树级别/级	生长状况	株数/株	备注
辽宁省		合计								24	
	朝阳市	小计								19	
		朝阳县	1							2	网络查询，待调查
		建平县	1				1200	一		1	
			2	8	30					1	
			3							1	网络查询，待调查
			4							1	网络查询，待调查
			5							2	2株，网络查询，待调查
			6							1	网络查询，待调查
			7							1	网络查询，待调查
		北票市	1		100		450	二		4	
			2				300余	二		1	
			3				200余	三		1	
			4				200余	三		1	
		喀左县	1		70		1000	一		1	
		凌源市	1							1	枯死，网络查询，待调查
	阜新市	小计								4	
		阜新蒙古族自治县	1	8			300	二		1	
			2							1	网络查询，待调查
		太平区	1							2	2株，网络查询，待调查
	鞍山市	小计								1	
		立山区	1							1	网络查询，待调查

省（区、市）	市	旗（县、区）	序号	树高/m	胸径/cm	冠幅/m	树龄/年	古树级别/级	生长状况	株数/株	备注
吉林省		合计								2	
	吉林市	小计								1	
		昌邑区	1							1	网络查询，待调查
	白城市	小计								1	
		通榆县	1							1	网络查询，待调查
山东省		合计								26	
	滨州市	小计								1	
		邹平市	1				600余	一		1	
	德州市	小计								4	
		陵城区	1				120	三		2	
		宁津县	1	10	30	10	100	三		1	
		禹城市	1							1	网络查询，待调查
	济宁市	小计								3	
		嘉祥县	1							1	网络查询，待调查
			2							1	网络查询，待调查
		任城区	1				500	一		1	
	聊城市	小计								2	
		阳谷县	1				350	二		1	
		东阿县	1	4.5	36.5		300	二		1	
	临沂市	小计								1	
		平邑县	1	4.9	24		300	二		1	
	青岛市	小计								1	
		城阳区	1							1	网络查询，待调查
	泰安市	小计								1	
		泰山区	1							1	网络查询，待调查

（续表）

省（区、市）	旗市（县、区）		序号	树高/m	胸径/cm	冠幅/m	树龄/年	古树级别/级	生长状况	株数/株	备注
山东省	潍坊市	小计								7	
		昌乐县	1				150	三		1	
		昌邑市	1	5	30		250	三		1	
		经济开发区	1	10	80		1000	一		2	
		高密市	1				200余	三		1	
		青州市	1							1	网络查询，待调查
		寿光市	1	5.2	30		200	三		1	
	烟台市	小计								1	
		长岛县	1				380	二		1	
	枣庄市	小计								1	
		滕州市	1							1	网络查询，待调查
	淄博市	小计								3	
		张店区	1							1	1958年被伐，网络查询，待调查
		淄川区	1							1	网络查询，待调查
		沂源县	1				500	一		1	
	莱芜市	小计								1	
		茶业口镇	1				500	一		1	
天津市	天津市	合计								2	
		小计								2	
		蓟州区	1	3			219	三		1	
		武清区	1							1	网络查询，待调查
黑龙江省	哈尔滨市	合计								1	
		小计								1	
		南岗区	1							1	古树H30939号，网络查询，待调查

省（区、市）	市	旗（县、区）	序号	树高/m	胸径/cm	冠幅/m	树龄/年	古树级别/级	生长状况	株数/株	备注
新疆维吾尔自治区		合计								1	
		小计								1	
		乌苏市	1	3.1	37.0	4.0	100多			1	
		和田县	1	8.0	28.0	近5米	近500				古树群一处，面积100m²，株数近50株
西藏自治区		合计								3	
		小计								3	
		拉萨市	1	10/8	25/12		200多			2	已死亡中科院标本档案记载
		山南市	1	5.4	23.0	5.2×4.6	150多			1	

主要参考文献

1．宋·胡仔《苕奚渔隐丛》.

2．宋·王溥《唐会要》.

3．元·张耆《登悯忠阁》.

4．明·朱橚在《救荒本草》.

5．明·张岱《陶庵梦忆》.

6．明·蒋一葵撰《長安客話》.

7．清·吴伟业《文官果诗》.

8．清·罗聘《文官果花》.

9．(清)吴伟业撰:《撰梅村家藏稿》,上海商务印书馆,民国八年[1918].

10．(清)李鸿章等修; (清)黄彭年等纂: 畿辅通志[同治] 北京图书馆 清光绪十年[1884].

11．徐东翔,于华忠,乌志颜,等. 文冠果生物学[M].北京: 科学出版社.2010.

12．佟常耀,张学增. 文冠果历史概况[J]. 吉林林业科技, 1979(1):23~25.

13．王颖, 姜生, 孟大利, 等.文冠果的化学成分与生物活性研究进展[J].现代药物与临床, 2011, 26(4): 269~273.

12．李占林, 李铣, 李宁, 等.文冠果果壳的化学成分[J].沈阳药科大学学报, 2005(4): 271~272+288.

13．赵英顺, 贺玉莲, 支杰, 等.文冠果的生态、生物学特性及其栽培管理技术.内蒙古林业调查设计, [J] 2009, 32(1): 16~17.

14．张谦, 刘延刚, 杨自强, 等.文冠果的生物学特性和经济价值及其开发利用前景.农业科技通讯, [J] 2012, 25(3): 202~203.

15．谢彩香, 张琴, 白光宇. 木本能源植物文冠果的生态特征及区划[J]. 植物科学学报, 2018, 36(2): 229~236.

16．牟洪香, 侯新村.文冠果研究进展[J].农业科学, 2007, 5(3):703~705.

17．杨小娟, 高晓黎.文冠果化学成分及药理研究进展[J].西北药学杂志, 2004, 19(5):235~237.

18．万群芳, 何景峰, 张文辉.文冠果地理分布和生物生态学特性[J].西北农业学报, 2010, 19(9): 179-185.

19．牟洪香, 于海燕, 侯新村. 木本能源植物文冠果在我国的分布规律研究[J]. 安徽农业科学, 2008(9): 3626-3628.

20．张东旭, 敖妍, 马履一. 山西省文冠果的栽培历史及研究现状[J]. 北方园艺, 2014, (9).

21．敖妍, 段劼, 于海燕, 等. 文冠果研究进展[J]. 中国农业大学学报, 2012 (6): 197-203.

22．胡彩娥, 王中强.榆林古树名木[M]. 西安: 陕西科学技术出版社, 2010.

23．张长录, 吕树润.陕西古树名木[M]. 北京: 中国林业出版社, 1999.

24．陈有民.园林树木学.修订版[M]. 北京: 中国林业出版社, 1990.

25．陕西森林编辑委员会.陕西森林[M]. 北京: 中国林业出版社, 1988.

26．刘生俊, 张东忠, 鲁加博.古树保护技术探讨. 科技信息 , 2012年10期.

27．杨继平, 有力推进文冠果产业高质量发展——全国文冠果产业发展现状调研报告, 2021年6月.

28．张焕青, 彭俊明, 等. 翁牛特旗林业志[M]. 赤峰: 内蒙古科学技术出版社, 2014.

29．贾志文, 王玉忠, 刘志伟, 等. 阿鲁科尔沁旗林业志[M]. 赤峰: 内蒙古科学技术出版社, 2014.

30．陈贵.张家口古树奇观[M]. 北京: 中国林业出版社, 2005.